SCIENCE

岩波科学ライブラリー 332

数学を
生み出す脳

中井智也

岩波書店

はじめに

「数学」と聞いて、多くの人が真っ先に思い浮かべるのは、計算や公式、そして学校で経験した難解な問題の数々だろう。しかし、本書が取り上げる数学の姿は、そのようなイメージとは大きく異なる。本書が目指すのは、数学をヒトの脳や心の営みとして捉え直すことである。

筆者は、新しい理論を追求する数学者でもなければ、歴史資料を丹念に掘り下げる数学史家でもない。数学の心理学・認知神経科学を専門とする神経科学者である。

数学の心理学・認知神経科学は、どの脳領域が数量や数字、空間を処理しているか、それらはどのように相互作用しているのか、脳に損傷を受けた場合、数学能力がどのように変化するのか、赤ちゃんと大人の数学能力にはどのような違いがあるのか、さらには他の動物が数学的な認知をもちうるのか、数学が文化や言語の影響を受けるのかといった問いに科学的にアプローチする分野である。

特に、数学の脳機能に関する研究は、１９９０年代以降の脳機能イメージング技術や神経活動計測技術の進展に大きく支えられてきた。さらに２０１０年代以降は、機械学習や人工知能（ＡＩ）の発展によって、より複雑で精密なデータ解析が可能となり、この分野の研究は急速に進展している。数学能力というテーマだけを取ってみても、日々新たな研究成果が発表されている状況である。

本書の視点やアプローチは、多くの読者にとって馴染みのないものであるかもしれない。また、中には、従来の数学のイメージを覆すような研究報告も含まれているだろう。しかし、本書の根底にあるのは常に、「我々ヒトにとって数学とは何か」という問いである。

本書を通じて、数学が単なる計算の道具や、一握りの天才の知的探求ではなく、私たち一人ひとりの認知活動と深く結びついた営みであることを感じてもらえれば幸いである。

目　次

カバー・本文イラスト＝川野郁代

1 概算する脳

1、2、3、4、……。数量は我々にとってもっとも身近な数学的対象だ。身近すぎて、普段の生活で数量を扱っていることを意識もしない場合がほとんどだろう。スーパーで買い物をするとき、手前のレジよりも並んでいる人が少ない奥のレジを利用する。3個のリンゴが入っているパックの横に同じ値段で5個入っているパックを見つけた……そんな何気ない場面でも、我々は無意識のうちに数量を利用し、比較している。

数量は方程式や微分積分と比べるとずっと単純な対象に見えるかもしれない。しかし、多くの心理学・認知神経科学の研究により、個数を大まかに把握したり数え上げたりする数量の認知(**数認知**)には複数のシステムが関わっており、それらが複雑に絡み合っていることがわかってきた。

数認知に関わる複数のシステム

数量の認知に複数のシステムが関わっていることは、簡単な心理実験で調べることができる。画面上に表示されたドットパターンの個数を正確に答えるという実験がある。**図1-1**は、典型的な被験者の反応時間（画像が表示されてから答えるまでの時間）のデータである。ドットパターンの個数が4個のところで急に傾きが変わっているのが見てとれるだろうか。どうやらこの部分で、数量に関わる認知システムが切り替わっているようだ。

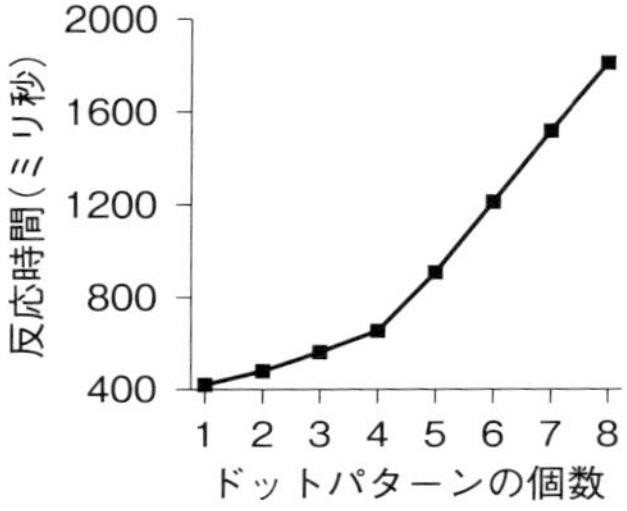

図1-1　即時把握と数え上げ
（Trick & Pylyshyn 1994より）

ヒトが4個以下の数量を即時に把握する能力は**即時把握**（**スービタイジング**）と呼ばれている。Subitizeという英語の動詞は1949年にラテン語で「急に」という意味の形容詞subitusから作られた造語だ。即時把握は正確であり、1～4個の範囲で個数が増えても正答率はほとんど変わらない。また、個数が増えても1個につき40～100ミリ秒程度しか反応時間が増加しない。即時把握が生じる範囲には個人差があり、平均は4個だが、3個までしか即時に把握できない人もいれば、5個まで一瞬で把握できる人もいる。

一方、5個以上の数量を把握する能力は1個ずつ積み上げる**数え上げ**である。数え上げは逐次的な処理であり、かつ正確に数量を把握できる。個人差はあるが1個につき250〜350ミリ秒の時間がかかる。数え上げには数の言葉が必要であり、声に出さない場合でも内言、すなわち発声をともなわない、自分の頭の中だけで聞こえる言葉で数に対応させているようだ。ためしに「ラララララ……」と言いながら個数を数えてみてほしい。おそらく普段より時間がかかり、また間違いが多くなってしまうだろう。自分の発声によって内言が妨げられるからである。

数え上げと即時把握はおそらく独立な認知システムであるため、それらの合わせ技もできる。読者の中には物を数えるときに「にーしーろーはー(やー)」と2個ずつまとめて数える人がいるかもしれない。これは、即時把握の方が数え上げよりも素早いため、2個ずつのペアを即時把握によって一瞬で把握し、時間のかかる数え上げを半分にするテクニックだ。

概算システムとウェーバー＝フェヒナーの法則

数量に関わる認知システムは即時把握と数え上げだけではない。即時把握ができないほど個数が多く、また数え上げができないほど短い時間にドットパターンが表示された場合でも、ヒトは大まかな数量を**概算**することができる。

概算は数量が多くなるほど不正確になり、近い数量との区別が難しくなる。差が同じであっても、99個と１００個を区別するのは、5個と6個を区別するより難しい。これは**数量効果**と呼ばれている。たとえば6個あったお菓子が5個に減っていたらすぐにわかるだろうが、もしお菓子が１００個あったなら、99個に減ったとしても誰も気がつかないだろう。また、類似の現象として、2つの個数を比較するさいに、個数の差（数の距離）が大きいほど区別がしやすくなる**数距離効果**も知られている。たとえば10個と15個を区別することは、10個と11個を区別するよりも容易である。

概算と似た現象は、重さや音量など、他の感覚量でも観測できる。たとえば荷物の重さが2キロから3キロに増えたらすぐに気づくことができるが、20キロが21キロに増えても違いはわかりにくい。皆が寝静まった夜中の方が、ガヤガヤした昼間の繁華街よりも周囲の物音が聞こえやすいだろう。

これらの現象の背後には、**ウェーバーの法則**が成り立っていると考えられている。この法則は、19世紀ドイツの生理学者エルンスト・ウェーバーが発見したものである。ウェーバーの法則によれば、基準となる数量をR、区別しうる数量の差分をΔRとすると、その比$\frac{\Delta R}{R}$が一定となる。数量効果の例でいうと、分母である基準Rが5個から99個に変化すると、区別するために必要な差分である分子ΔRも大きくなるため、同じ1個という差分でも、

5対6よりも基準が大きい99対100の方が区別しにくくなるのである。式の導出は割愛するが、この関係は数量の心的表象（E）が対数目盛（$E = K \log R$；Kは定数）で表されていると考えるとうまく説明できる。これはウェーバーの弟子であるグスタフ・フェヒナーが提案した**フェヒナーの法則**に対応する。この2つの法則を合わせてウェーバー＝フェヒナーの法則と呼ぶこともある。

図1-2は、概算の心的表象を概念的に表したものだ。視覚的に表示された各数量に対して、心的に表象される数量の分布が釣鐘型のグラフで表されている。縦軸は、その数量がたとえばドットパターンとして表示された場合に、横軸上の数量として概算される割合である。横軸は対数目盛である。対数目盛を使うことによって、釣鐘型のグラフが表示個数によらず同じ形になるのだ。

　10個の表示に対応するグラフが横軸上の8の位置に重なっているということは、10個の数量が表示されたときに「8個」と判断してしまう可能性があるということである。一方、

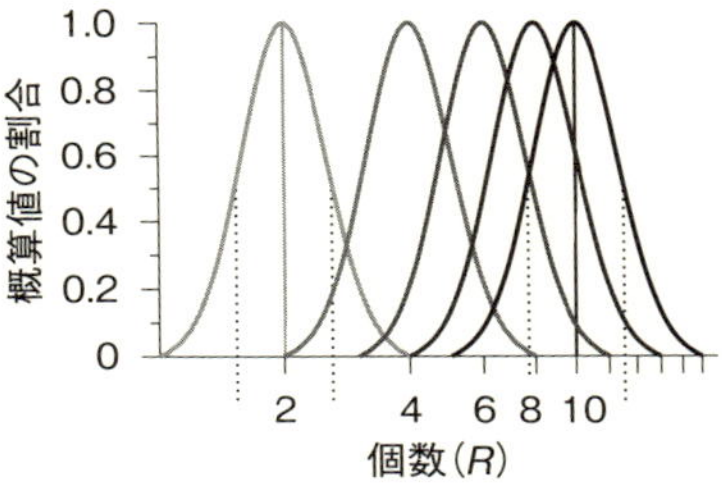

図1-2　概算の心的表象の概念図．横軸は対数目盛になっている．個々の釣鐘型のグラフは，中央（最大値）の個数が表示された場合に，表示どおりの個数と判断する場合を1として，概算される個数の割合を示す（Nieder 2020より）

2個の表示に対応するグラフは横軸上の4の位置にはほとんど重なっていないため、2個の数量が表示されたときに「4個」と判断する可能性は極めて低い。

横軸が大きい数字になるほど、隣り合うグラフとの重なりが大きくなることがわかる。2個と4個のグラフの重なりは小さいが、8個と10個のグラフの重なりは非常に大きい。グラフの重なりが大きいということは、2つの数量を混同する可能性が高いということである（数量効果）。さらに、6個と8個のグラフの重なりに対し、4個と10個のグラフの重なりは遥かに小さい。よって個数の差が大きいほど、それらを混同する可能性は低くなるということがわかる（数距離効果）。

概算に影響する因子

概算が他の感覚量と同様にウェーバー＝フェヒナーの法則に従うのであれば、それは面積など他の視覚的特徴量で説明できるのではないだろうか？　数量を把握するための独自の認知システムなどというものを、ヒトは本当にもっているのか？　心理学者たちはその可能性を検討するために、工夫を凝らした実験をおこなってきた。

ドットパターンを見て、ドットの個数を概算する実験を考えてみよう。もし同じ大きさのドットをたくさん並べるのであれば、個数が多い方がドットパターンは画面上でより広い面積を占有することになるだろう。常に同じ大きさのドットしか実験に使わないのであれば、ドットの個数に応じて被験者の反応が変化したのか、占有面積によって反応が変化したのかを特定することができない。

そこで多くの研究では、個数とは独立に占有面積、密度、円周の合計、並び方などの変数を変えたドットパターンを用意し、それら興味のない変数の影響を除外する実験をおこなう（**図1-3**）。半径一定条件（図1-3の①）は基本となるドットパターンであるが、総面積一定条件②では、個数が増えるほどドット1個あたりの面積は小さくなる。総円周一定条件③でも個数が増えるほど1個あたりの面積は小さくなるが、円周という別の情報は保存されている。高密度条件④ではドットは1箇所に固まっている。また、もはやドットパターンとは言えないが、個別のドットの形を変えて三角形や四角形を使う条件⑤もよく採用される。そのようにしてもなお個数による効果が生じれば、概算は他の視覚的特徴量から独立であると推測できるわけだ。実際に、多くの研究を通して、概算システムの挙動は物体の形状や大きさなどの影響では説明できないことが明らかになっている。

ただし、概算に影響を与える空間的性質も存在する（**図1-4**）。2015年に中国科学院大学のリーシャ・フーらは、同じ形のドットパターンであっても、ドットの一部が線でつながっているだけで、推定される個数が減少することを報告した。つながっている2個のド

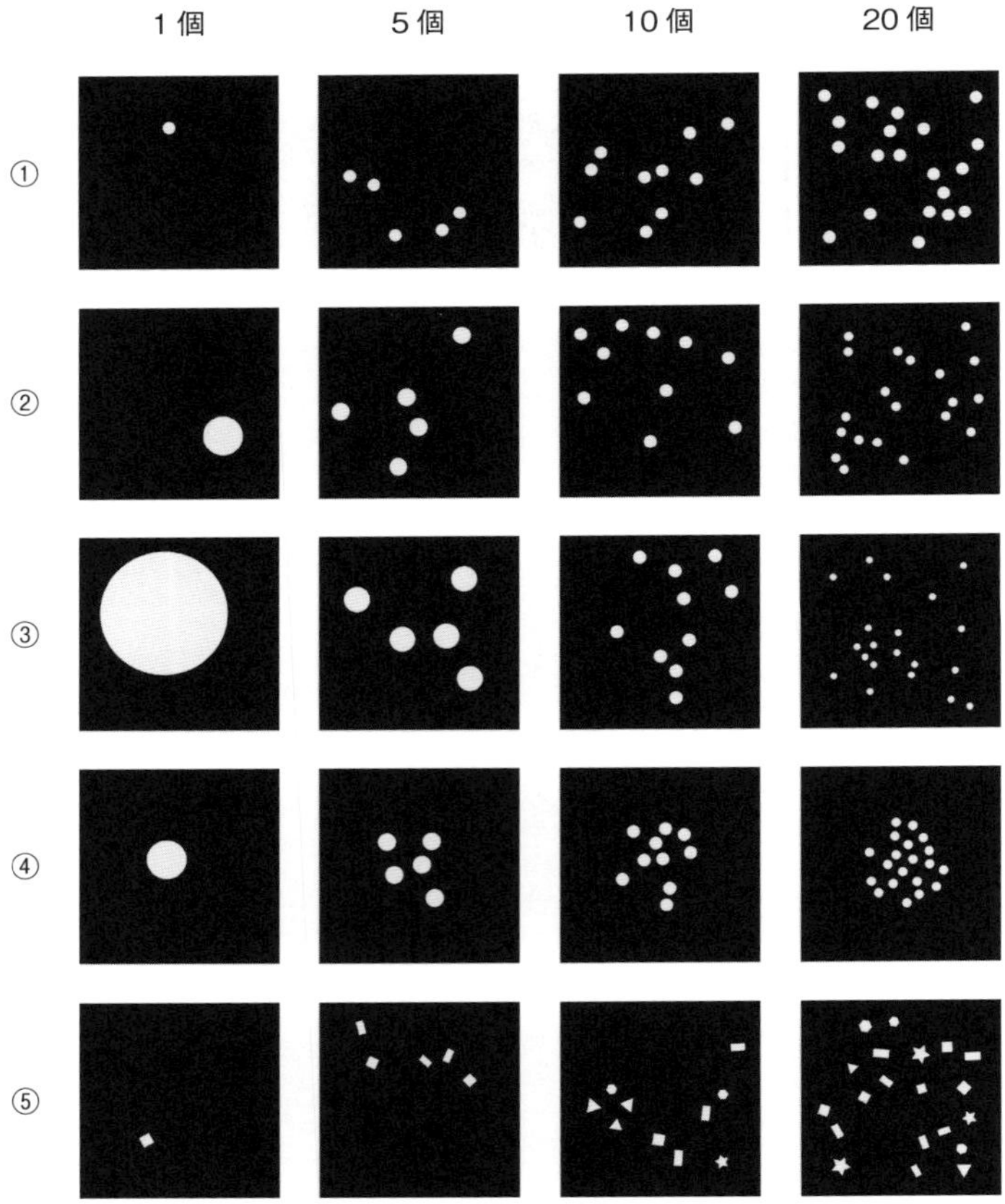

図 1-3　さまざまな変数を調整したドットパターン．①半径一定，②総面積一定，③総円周一定，④総面積一定かつ高密度，⑤さまざまな形状

ットがあたかも全体として1個の塊と認識されているかのようだ。

この研究ではさらに、ドットの一部を円で囲っただけでも推定される個数が減少することが明らかになった。ドットが円の外側にある場合はその効果は現れず、円の内側にある場合のみに個数の減少が生じる。円の内側にあるドットは、円を含めて1つの塊として認識されているかのようである。

このような個数の減少効果は、一部のドットの色や形を変えても生じず、ドットパターンのつながり方や分割のされ方など、フーらの言い方を借りれば「トポロジカルな性質に影響を与えた場合」のみに生じていた。

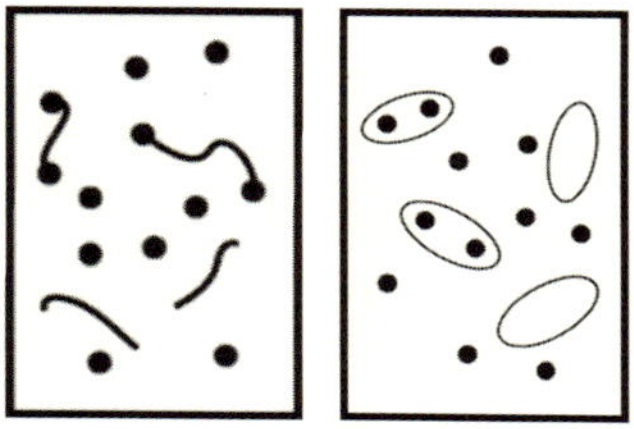

図 1-4　一部がつながったドットパターン（左）と一部が円で囲まれたドットパターン（右）（He et al. 2015 より）

動物の概算能力

数認知システムはヒトの専売特許ではない。これまでチンパンジー、サル、ゾウ、ネズミ、カラス、ニワトリ、イルカ、イカ、グッピー、ハチなど、進化の系統でみても幅広い動物が限定的な概算能力をもっていることが判明している。

個数が異なるエサを置いて動物の選択の差を調べる実

験は標準的な手法だ。たとえば2013年にマドリード・コンプルテンセ大学のホセ・アブラムソンらによってシロイルカおよびバンドウイルカに関しておこなわれた研究では、1匹から6匹の魚（エサ）を左右の箱に入れたところ、イルカたちは偶然よりはるかに高い割合でより多くの魚が入った箱を選ぶことがわかった。

エサの選択以外の方法を用いて動物の数認知能力を調べた研究もある。クジャクのオスが美しい羽をもつことは有名だが、羽の目玉模様の個数が多いほどメスを惹きつける効果があるらしい。1994年にオープン大学のマリオン・ペトリーらはオスのクジャクの目玉模様を比較し、より多くの目玉模様をもつオスの方が繁殖機会を多くもてるということを発見した。ペトリーらがさらに一部のオスのクジャクの目玉模様を意図的に減らしたところ、それらのオスの繁殖機会は大きく減少した。すなわち、メスのクジャクはオスの目玉模様の個数を比較することができ、またその数認知能力を繁殖行動に利用しているということである。

これまでの研究ではいずれも、個数が大きくなるにつれて動物の数認知能力が低下することが判明している。これは、数認知システムのうち概算がもつ特徴だ。チンパンジーのアイやヨウム（オウムの一種）のアレックスといった、ある程度の個数まで数量を正確に把握する能力を示した個体はいるものの、6個を超えると顕著に正答率が低下するようだ。

このような概算能力が多くの生物種に共有されていることは、この形質をもつことが進化上有利であった（適応的であった）可能性を示している。たとえば獲物が左に3匹、右に5匹いる状況を考えてみよう。左右の個数を比較して多い方（5匹）を選べる個体の方が、3と5の区別がつかない個体よりも生存できる可能性は高いだろう。概算能力は多くの生物種が共通してもち、ヒトにも受け継がれている基本的な数認知システムなのである。

赤ちゃんの概算能力

ヒト以外の動物もある程度の概算能力をもっていることから、どうやら概算能力には言語や教育が必要なさそうに思われる。そのことを支持するさらなる証拠として、乳幼児や生後すぐの新生児の概算能力を調査した多くの研究がある。

1980年に、ペンシルヴァニア大学のプレンティス・スターキーらは生後22週の乳児の数認知能力を調べ、乳児が2個と3個の数量は区別できるが、4個と6個は区別できないことを報告した。

ここで利用されたのは**馴化《じゅんか》-脱馴化《だつじゅんか》法**と呼ばれる手法である。赤ちゃんには目新しいものを長く見る習性がある。赤ちゃんに同じ刺激を繰り返し見せると、だんだん刺激への興味がなくなり注視する時間が短くなっていく。その状態で新しい刺激を見せたときに、もし赤ちゃんがその刺激を長く見るのであれば、赤ちゃんはその刺激を以前に見せた刺激と区別できているとことがわかる。

赤ちゃんに繰り返し2個のドットパターンを見せた後に3個のドットパターンを見せると、赤ちゃんはその刺激を(個数が変わらなかった場合と比べて)長く見ていた。つまり赤ちゃんはすでにこれらの個数どうしを区別できるということだ。一方、同様の実験を4個と6個のドットパターンでおこなったところ、赤ちゃんが見る時間に変わりはなかった。ただし2個と3個はともに即時把握の範囲内であるため、4個と6個の区別ができなかったことが、即時把握と概算という異なる数認知システムの影響によって生じている可能性を否定できなかった。

そこでノースイースタン大学のフェイ・シューらは2000年に同様の実験を即時把握の範囲外で(つまり4より大きい個数で)おこない、その結果を検討した。生後6か月の乳児に8個のドットパターンを繰り返し見せた後に、さらに同じ個数(8個)もしくは異なる個数(16個、すなわち個数の比率が1対2)のドットパターンを見せると、以前とは異なる個数が表示された場合に、より長く画面を見たのである。このような反応は個数の比率が2対3の場合(8個と12個)では見られなかった。この結果はスターキーらの結果と一貫している。赤ちゃんは個数の比率が大きい方が区別しやすくなるのだ。

その後の研究で、9か月児では、6か月児が区別できなかった2対3の比(8個と12個)も区別できるようになることがわかってきた。概算能力は発達により鋭敏になっていくのである。

では、いったい発達のどの段階でヒトは個数を区別できるようになるのだろうか？　フランス国立衛生医学研究所のヴェロニク・イザールらは２００９年に、生後約２日の新生児を対象として音声を聴かせ（たとえばラを４回「ラララ」）、その後４個もしくは12個の物体が描かれた画像を新生児に見せたさいに、どちらの画像を長く注視するかを調べた。

ここで利用されたのは**選好注視法**という手法である。赤ちゃんは興味のあるものを長く見つめるという習性がある。４個と12個の刺激を単独で見せた場合にはどちらかを好むことはないが、もし直前の音声が視覚的な個数の認知に何らかの影響を与えているのであれば、４個と12個の刺激に対する反応に差が出ることが予想される。

その結果、なんと生後２日の時点で、赤ちゃんは聴覚刺激に対応する視覚的な数量を含んだ画像（４回の音声の場合は４個の物体）を長く見つめたのである。生後２日時点での新生児は限られた外界の刺激しか与えられておらず、また当然言葉は話せない。それにもかかわらず、複数の感覚に共通した数量を処理しているということは、ヒトが抽象的な数量の概算能力を生まれつきもっていることを示している。

数認知に関わる脳領域

ここまで即時把握、数え上げ、概算といった異なる数認知システムを紹介してきた。では、これらの数認知システムは脳のどの部分に備わっているのだろうか？　神経細胞の活動に起因する電気信号を計測する脳波計（ＥＥＧ）や、神経活動にともなう血流変化を計測する機能的磁気共鳴画像法（ｆＭＲＩ）は、概算にともなう脳活動を可視化することを可能とした。

数認知の神経科学では、数の**順応効果**がよく利用される。同じ個数のドットパターンを連続して何度も見ていると、数を処理している脳領域の活動が低下していく現象である。たとえば16個のドットパターンに対して順応が起こっているときに、急に8個のドットパターンが出現すると、脳活動が急に大きくなるリバウンドが起こる。そのリバウンドを調べることで、数量の変化に関わる脳の領域を見つけることができるのである。ドットパターンは位置や大きさを毎回変化させるので、リバウンドは他の物理量の影響ではなくドットパターンの個数によって引き起こされたものだと推定できる。

フランス国立衛生医学研究所のマニュエラ・ピアッツァらは２００４年にこの方法を用いて、左右の頭頂間溝《とうちょうかんこう》が数量の変化に応答していることを示した（**図1-5**）。頭頂間溝は頭頂葉（頭頂から少し後ろにある部分）の一部をなすシワの部分であり、頭頂葉の外側を上下に分

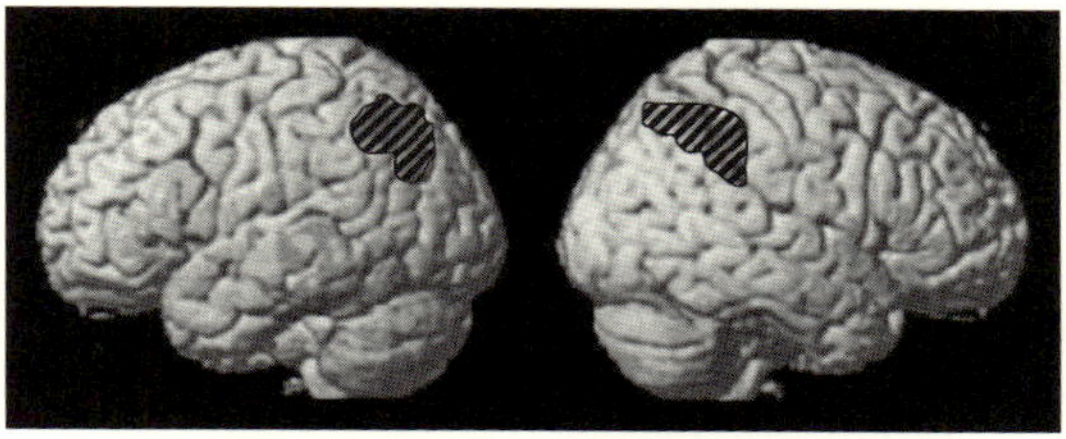

図 1-5　数量の変化に対する頭頂間溝の脳活動（斜線部分）．脳を横から見たもの．左右はそれぞれ左半球と右半球を表す（Piazza et al. 2004 より）

けるように横向きに走っている。この領域は、いわゆる連合野と呼ばれる領域の一部であり、視覚や聴覚など特定の感覚を処理するのではなく、それらを統合した、より高次の情報に関わっているとされている。そして、ｆＭＲＩなどの計測手法が普及する以前から、この領域の脳損傷が計算障害を起こす原因になっているのではないかと考えられてきた。ピアッツァらの研究に代表される多くの脳機能イメージング実験は、脳損傷患者を対象としたこれまでの知見に裏づけを与えることになった。

さらにユトレヒト大学のベン・ハーヴェイらは２０１３年に、７テスラという通常よりも2倍以上強い静磁場を備えたＭＲＩ装置を利用することで、頭頂葉に詳細な数量のマップが備わっていることを明らかにした。ハーヴェイらは被験者がドットパターンを見たときの脳活動データに対し、特定の個数に対して釣鐘型の応答をするような関数で近似することで、うまく数量のマップを見つけることができた。特に右側の頭頂葉において、1個、2個、3個、……という個数に応答する部位が規則的に並んでいることが明らかになったのだ。

興味深いことに、数が大きくなるほど特定の個数への脳領域の選好性は鈍くなっていくようだ(これを特定の数に対する**選択性**と呼ぶ)。2個のドットパターンに対して選択的な脳領域は3個や4個に対してあまり応答しないが、5個のドットパターンに対して選択的な脳領域は3個や4個にもある程度反応する(つまり選好性が鈍くなっている)のである。これは概算課題への応答パターンで見られる数量効果と類似した現象だ。つまり、ヒトの脳の中には対数目盛の数表象が埋め込まれており、ヒトの概算能力はそのような脳領域の活動パターンに基づいていることが示唆される。

数認知に関わるニューロン

fMRIで測定できるのは脳活動の巨視的なパターンであるが、その背後には、特定の個数に選択的に応答するニューロン(神経細胞)が関わっている可能性がある。2002年に当時マサチューセッツ工科大学にいたアンドレアス・ニーダーらと東北大学の澤村裕正らは、そのようなニューロンをサルの脳で独立に発見した。ニーダーらが見つけたニューロンは表示されたドットパターンの個数に対して反応し、澤村らのニューロンはレバー廻しとレバー押し動作の回数に対して反応したという違いがある。しかし双方ともに、1、2、3、……という特定の個数のみに反応するニューロンの存在を明らかにした点は共通である。ハーヴェイらのfMRI研究と同様に、個数が大きくなるほどそれらニューロンの選択性は鈍くなっていった。2個に選択的なニューロンは他の個数に対してさほど反応しないが、5個に選択的なニューロンは他の個数にもある程度反応するのである。このような数に対する選択性の変化は概算の大きな特徴であり、対数目盛による数量の心的表象という考えと合致している。

これまでに、数に選択的に反応するニューロンはサル、ネコ、カラス、カエル、ゼブラフィッシュ、ショウジョウバエで報告されている。さらに2018年にボン大学医学センターのエステル・クッターらが報告した研究では、脳部位が頭頂葉ではなく側頭葉下部にある下側頭回《かそくとうかい》ではあるものの、ヒトのてんかん患者を対象とした単一ニューロン計測でも特定の個数に反応するニューロンが報告されている。

この研究では、4個以下の即時把握と5個以上の概算では異なるニューロンがヒトの数認知に関連していることが明らかになった。概算ニューロンは5個以上の個数については個数が大きくなるほど選択性が鈍くなっていったが、即時把握ニューロンは4個まで（個数に対する選択性はあるものの）反応パターンが一定であった。つまり対数目盛ではなく通常の目盛に沿っていたのである。

これらのニューロンが同じ脳部位において見つかったことは、これまでのｆＭＲＩ研究で概算と即時把握がきれいに分離できなかった原因かもしれない。ｆＭＲＩで測定できる2ミリメートル立方のボクセル（ピクセルの3次元バージョン）には数百万のニューロンが含まれているため、両方のニューロンの成分が同じ脳部位の活動として計測されてしまうのだ。

いずれにせよ、心理学で長い間知られてきた複数の数認知システムが、異なるニューロンや脳領域という形で脳における実装として発見されたことは、数学の認知神経科学の大きな成果だと言えるだろう。

2　数字という発明

ヒトは数の言葉(いち、に、さん)や数字(1、2、3)を使うことで、数量を抽象的な記号で表すことができる。このような記号的な数量表現は、おそらく人類の歴史上もっとも重要な発明の一つだろう。

数字を使えば個数を正確に数え上げ、計算し、その結果を記録することができる。これらの恩恵は計り知れない。商品の個数や値段が正確に比較できなければ、商売は成り立たない。人口の把握や税金の計算が正確にできなければ、国家の運営も困難である。

数認知研究は、数の言葉や数字という発明が現代文明の基礎を作ったというだけではなく、我々の数認知能力自体を拡張したということを明らかにした。

いち、に、さん、たくさん

我々は記号を使って数量を表す習慣に慣れきってしまっているので、数字や数の言葉がな

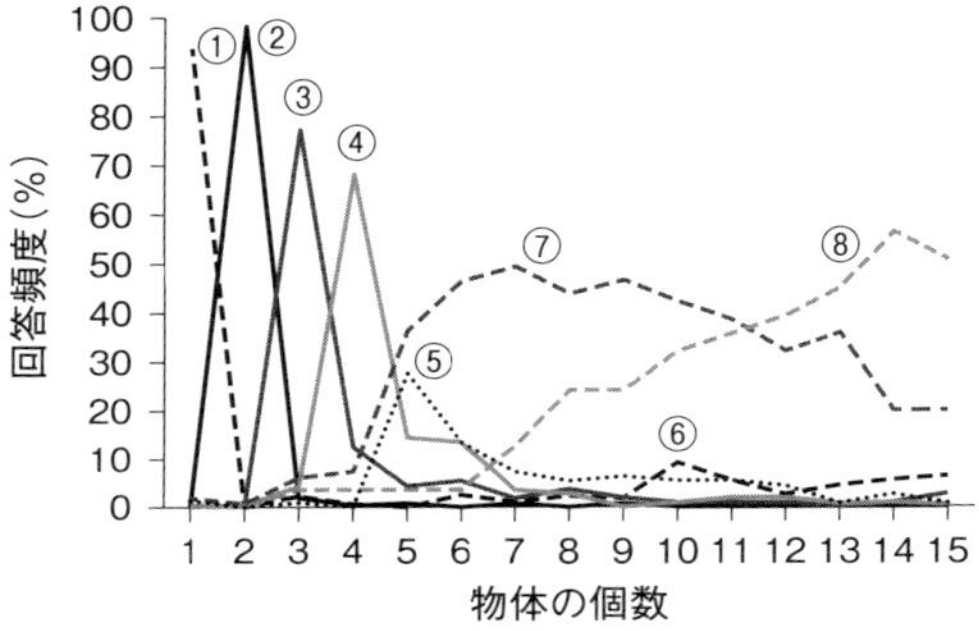

図 2-1　ムンドゥルク族の数認知．横軸にある個数の物体を提示されたとき，ムンドゥルク語の単語①〜⑧で答えた頻度．①「1」，②「2」，③「3」，④「4」，⑤「1つの手」，⑥「2つの手」，⑦「あまり多くないいくつか」，⑧「すごくたくさん」(Pica et al. 2004 より)

い言語の世界を想像することはなかなか難しい。しかし、世界に散らばる言語の中には、「いち、に、さん、たくさん」といった、特定の数までの限られた語彙しかもたない言語もある。このような数の言葉の違いは、我々の数認知能力に影響を与えるのだろうか?

２００４年に、パリ第8大学のピエール・ピカらは、ブラジル・アマゾンの先住民ムンドゥルク族を対象とした研究で、その問いを検証した。ムンドゥルク語は1から4までの数の言葉しかもたず、それ以上多い個数に対しては彼らの判断は曖昧になる(**図2-1**)。5を表す「1つの手」という表現が6や7に対しても使われるのだ。

数の言葉がなくとも、ムンドゥルク族の人々は物体の個数を大まかに概算して比較することはできる。彼らの反応パターンは、同じ課題をおこなったフランス人被験者と類似してい

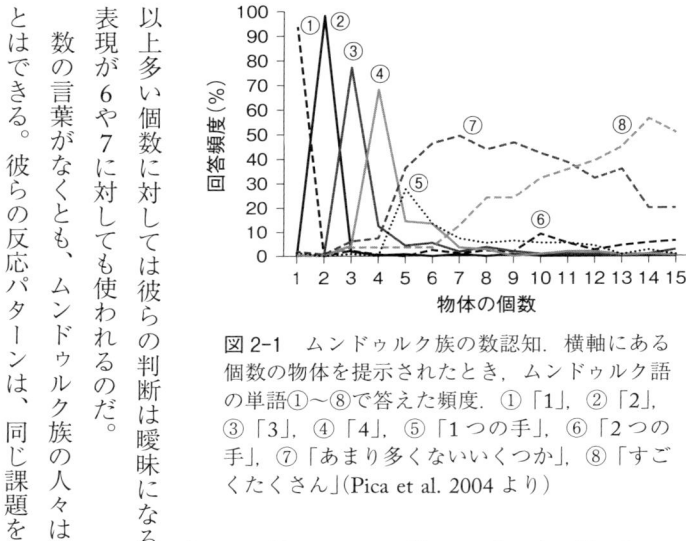

た。ムンドゥルク族被験者もフランス人被験者も30個と60個のドットパターンを区別できるし、15個のドットパターンと15個のドットパターンを足し合わせたものよりも、60個のドットパターンの方が多いことを判断できる。

しかし同じような計算課題でも、正確な引き算をするように指示された場合に違いが現れた。たとえば、5個の物体が箱に入り、その後3個の物体が外に出る動画を見せて、何個の物体が箱の中に残っているかを答えさせるような課題では、ムンドゥルク族被験者は最初に箱に入った個数が4個よりも多い場合に成績が低下することがわかった。しかも、個数が多くなるほど成績の低下はより顕著になった。

ムンドゥルク族の人々は決して実験者の指示がわからなかったわけではない。彼らは4個以下の個数を使った問題や概算についてはフランス人被験者と同様の精度で回答できたからだ。彼らが数の言葉を欠いている5個以上の範囲でのみ、このような差が生じたのだ。

フランス人被験者は彼らの言語（フランス語）に5個以上の個数に対応する数の言葉が存在するため、5個以上のドットパターンについても正確な個数を数え上げることができたのだと思われる。それに対しムンドゥルク語には5個以上の個数に対応する数の言葉がなかったため、ムンドゥルク族被験者は大まかな概算をするしかなかったのだろう。個数が多くなるほど成績がより低くなったということも、彼らが概算をしていたという解釈を支持する結果である。

数の言葉は概算能力にほとんど影響を与えないが、大きい数量の正確な計算には必要不可欠であるようだ。

基数原理の理解

数の言葉や数字は、家庭内や学校教育を通して次の世代に伝わっていく。数の言葉や数え上げは、子供が最初に学ぶ数学的対象である。

子供の数認知の発達を調査する手法として**数与え課題**がある。これはアリゾナ大学のカレン・ウィンによって1990年に導入された実験手法で、子供が数概念をどの程度理解しているかを調べるために広く使われるスタンダードな方法である。

この課題では、実験者は子供の目の前に複数個の小さなおもちゃと人形（たとえばバナナのおもちゃとサルの人形）を置き、人形に特定の個数のおもちゃを渡すように子供に指示する。たとえばこのような指示だ。

おサルさんはとてもお腹が空いているよ。これがお皿で、これがバナナね。おサルさんのためにバナナをお皿にのせてあげてほしいの。よく聞いてね。2個のバナナをお皿にのせてあげて？

続いて、子供が置いたおもちゃの個数を数え上げて確認してもらう。

それは2個？　数えて確認してくれるかな？

この課題は最初1個から始まり、次は2個、3個、……と次第に個数を増やしていく。子供が正確に渡し、かつ数え上げることができた最大の個数が、子供のその時点で理解している数の上限だと推定される。

3歳半までの子供は多くの場合、4個以下の特定の個数までしか数与え課題に成功しない。しかし3歳半から5歳の間のいずれかの時点で、子供は急に5個以上の任意の個数についてこの課題に成功するようになる。このような子供は**基数原理**を理解していると考えられる。

基数原理は、ロシェル・ゲルマンとランディ・ガリステルが1978年の著作『数の発達心理学――子どもの数の理解』において提案した、ヒトの数え上げを特徴づける原理の一つであり、ある集合に対して、個数を数え上げたときの最後の数の言葉がその集合の要素数

（＝基数）に対応するというものだ。

基数原理を理解していない子供は、仮に「いち、に、さん、……」という数の言葉を知っていたとしても、数の言葉と物体を対応づけられないため、数与え課題で失敗してしまう。興味深いことは、子供は5個についての数与え課題に成功し、基数原理を一度理解してしまうと、（対応する数の言葉を知っている範囲で）任意の大きさの個数まで数え上げができるようになるという点である。「4」と「5」の間で突然の飛躍があるのだ。

マジカルナンバー「4」

素早く物体の個数を数え上げるとき、4個目を境に急に反応時間が変化する（第1章で紹介した即時把握）。数の言葉を限られた語数しかもたないムンドゥルク族は、4個より多い個数で判断が曖昧になった。子供は4個より多い個数の数え上げができるようになると、それ以上の任意の個数について数え上げができるようになる……数字と数量が関連するとき、必ずと言ってよいほど「4」という数が出てくることに気づいただろうか？　どうやら4という数が、ヒトのもつ特別な数認知能力の鍵になっているようだ。

この「4」という数は、数認知とは独立した研究領域である記憶の心理学でも「マジカルナンバー」として注目されてきた。

マジカルナンバーは1956年に心理学者ジョージ・ミラーによって提案された短期記憶(もしくはワーキングメモリ)の容量であり、電話番号のような記号列を一時的に記憶する場合の個数の限界を指している。マジカルナンバーは発表当時7個前後と考えられていたが、近年ではむしろ4個前後なのではないかという解釈が広く受け入れられている。2個の記号を1つの塊(チャンク)としてまとめることで、記憶容量の2倍の個数の記号を覚えることができるというわけだ。

マジカルナンバーは、同時に注意を保持できる視覚刺激の個数とも関連する。たとえばさまざまな色のタイルを100ミリ秒だけパッと見せられたときに、ヒトが位置と色の関係を正確に覚えられるタイルの個数は4個前後である。また、複数の物体が独立に動いているときに、同時に追跡できる物体の個数は4個前後である。

数認知と短期記憶に共通するマジカルナンバーは、単なる偶然の一致ではなく、本質的に同じメカニズムに基づいている可能性がある。視覚的短期記憶の容量には個人差があるが、実はその個人差は即時把握が生じる範囲の個人差と強く相関するのだ。より多くの物体を記憶できる被験者は、より多い個数まで即時に把握できるということである。

即時把握は、4以下の個数に関して正確に数量を把握することを可能にする。しかし、数の言葉や数字のシステムがなければ、我々は4というマジカルナンバーの制約の中でしか正確に数量を扱うことができないだろう。５以上の個数については大まかに概算することしかできない。数の言葉や数字という発明は、短期記憶の制約である「４」を乗り越えて基数原理を把握し、さらに大きい個数まで正確に数量を認知する能力を我々にもたらしたのだ。

対数から線形へ

５歳児が基数原理を理解し数え上げができるようになったとしても、彼らはすぐに完璧に数字を操ることができるわけではない。子供の数認知システムは、長い年月をかけてだんだんと変化していく。

２００３年にカーネギーメロン大学のロバート・シーグラーらは、異なる学年の子供たちを対象にした一連の実験により、子供たちの数認知が変化する様子を明らかにした。シーグラーらの実験手法は**数字－位置課題**というものだ。子供たちの前には１本の直線が横に置かれ、その左端には０、右端には１０００という数字が書いてある。子供たちは、たとえば「２５０」という数字が与えられたとき、その数字を直線上の好きな位置に置くように指示される。

1000/250＝4であるから、左から１／４の位置に「２５０」という数字を置くのが正解で

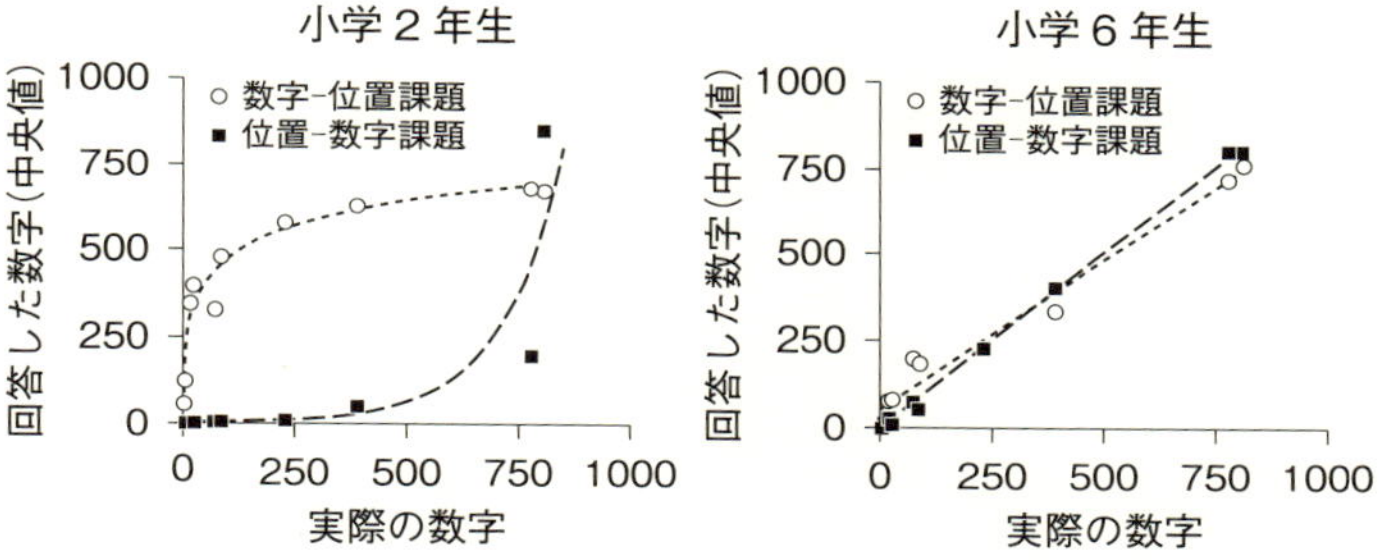

図2-2　数字-位置対応の発達（Siegler & Opfer 2003 より）

ある。しかし、シーグラーらの実験では、小学2年生の子供たちは、直線上の真ん中より少し右の位置（1000に近い側）に数字を置いたのだ。

この傾向は、逆向きの**位置 - 数字課題**でも観測された。こちらは直線上の指定された位置に対応する数字を答えるという課題だが、小学2年生の子供たちは右側約1/4の位置（750）に対応する数字を約200だと答えた。2つの課題の結果をまとめたのが**図2-2**左のグラフだ。

子供たちの回答パターンは、彼らが0から1000の直線を線形目盛ではなく対数目盛であるかのように捉えていると考えるとうまく説明できる。対数目盛は桁が大きくなるほど、同じ差分でも距離が短くなっていく（第1章のウェーバー＝フェヒナーの法則を参照）。そのために、同じ250という差分でも直線の右側の方が距離が短くなり、結果として250という数字を真ん中より右側の位置に置いてしまう。

同じ課題を使っていても、このような回答パターンは小学6年生の子供では見られなくなった(図2-2右)。この年齢層の子供たちは、すでに0と1000の間には数字が等間隔で並んでいるものと理解しているようだ。

小学生は対数を学んだことはなく、おそらく対数目盛のグラフを見たこともないだろう。しかし、彼らは生まれつき数量を対数として概算するのと同じように、物の長さも対数として認識している可能性がある。小学2年生であればすでに基数原理を理解し、正確な数え上げもできるようになっているはずである。しかし子供たちは、数え上げを物の長さという別のカテゴリーの量にすぐに応用することはできないようだ。

考えてみれば、数え上げをするときに必要なものは順序の概念(1の次に2、2の次に3がくること)であって、線形な距離の概念(1と2の差は、2と3の差と等しいこと)は全く必要ではない。そのため、大人たちと同様の数量認知をもつまでには隔たりがある。我々がもつ線形な数量認知は、長い期間にわたる教育の賜物なのである。

数字に特化した脳領域

数字は、脳でどのように処理されているのだろうか？　それは数量とは異なる脳のメカニズムに基づいているのだろうか？　それらの問いに答えるためには、まず数字をいくつかの成分に分けて考える必要がある。

ここでは代表的なアラビア数字を例にとろう。それぞれのアラビア数字は特定の数量を指し示すが、それ自体は恣意的な形をもつ記号であり、アラビア数字の画数や大きさは数量の大きさとは対応していない。そのため、基本的にはアラビア数字自体から直接数量を連想することはできない（ただし、1から3までの数字は例外的に、もともと1個から3個の具象的な棒を表していたのではないかと言われている）。

脳内での処理の流れとしては、①視覚情報としてのアラビア数字、②記号としてのアラビア数字、③アラビア数字から数量情報を取り出す、という少なくとも3種類の異なる処理が関わっていることが考えられる。

また、アラビア数字は数の言葉を使って読むこともできるので、上記に加えて④アラビア数字から音声情報を取り出す、という処理も関わってくるだろう。

視覚情報としてのアラビア数字は、縦線や横線があるか、視野のどの位置にあるか、どのような色がついているか、色が塗ってある部分はどの程度の広がりがあるか、のっぺりしているかざらざらしているか、といった情報である。これらの情報は網膜から後頭葉の視覚野に伝わり、その後さらに高次の情報の処理経路に伝わっていく。

記号としてのアラビア数字の処理には、右半球の側頭葉下部にある下側頭回が関わっており、**視覚性数字形状領域**と呼ばれている。数字の視覚的側面に関して、その形状を処理している脳の領域という意味だ。

２０１3年にスタンフォード大学のジェニファー・シャムらは、てんかんの患者を対象とした頭蓋内脳波の解析により、この脳領域が数字に選択的な反応を示すことを明らかにした。頭蓋内脳波は皮質脳波とも呼ばれ、脳の表面に直接取り付けた電極から信号を計測する技術である。患者を対象とした特殊な状況でのみ可能な技術であるが、そのぶん通常の被験者を対象とする実験よりもはるかに高い精度で脳活動を計測することができる。

シャムらは、右半球の視覚性数字形状領域の活動が、アルファベットの文字や知らない記号を見たときと比べて、アラビア数字を見たときに顕著に大きくなることを見出した。興味深いことに、その領域は「one」「two」などの数の言葉を見たときよりも「1」「2」というアラビア数字を見たときの方が大きい活動を示した。したがって、この脳領域は記号全般に応答しているのではなく、また数量情報や音声情報に応答しているのでもなく、アラビア数字に選択的に応答しているのだと考えられる。

アラビア数字は文化的な発明であるので、生まれつきアラビア数字に選択的に応答するような脳領域があるとは考えにくい。むしろ、もともとは別の機能を担っていた脳領域が、アラビア数字を学習することにより、後天的にその機能を変化させたと考える方が自然である。

実際に、視覚性数字形状領域が位置しているとされる下側頭回は、顔や身体の部分やさまざまな物体を処理している紡錘状回《ぼうすいじょうかい》と隣り合っている。左半球の紡錘状回には**視覚性単語形状領域**と呼ばれる、文字や単語に対して選択的に応答する領域もある。やはり文化的な発明である単語と同様に、数字という発明にも長く接することにより、ヒトの脳は作り変えられているのだ。

数字から取り出される数量情報

アラビア数字や数の言葉から抜き出された数量情報は、ドットパターンと同じく頭頂間溝で処理されている可能性が高い。たとえばゲーテ大学のエブリン・エガーらが２００３年に発表した研究では、視覚的に表示されたアラビア数字「2」と音声として聴いた単語「two」に共通して、両半球の頭頂間溝の活動が生じることを報告している。さらに、それらの脳活動は文字や色の刺激（視覚的に表示された「B」や赤いタイル、音声として聴いた「be」や「red」）と比べてより大きかった。

この実験において被験者は数量の比較や計算をしていない。表示された刺激が（視覚か音声かにかかわらず）数字、文字、色のどのカテゴリーに属するかを答えただけである。どうやら頭頂間溝の活動は、アラビア数字を見たときに半ば自動的に引き起こされているようだ。

また、この領域の脳活動はアラビア数字や数の言葉に共通する音声情報の影響で説明することもできない。文字や色の刺激からも同様に、それらの視覚刺激と結びついた音声情報を抜き出すことができるが、それらの条件よりも数字や数の言葉の条件の方が脳活動が大きかったためである。

下側頭回の視覚性数字形状領域や頭頂間溝という異なる脳領域は、数字や数の言葉を処理するにあたって情報のやり取りをしていることが考えられる。２０１６年にスタンフォード大学のエイミー・ダイチらがおこなった頭蓋内脳波を利用した研究はその可能性を明らかにした。

ダイチらは電極をてんかん患者の下側頭回と頭頂間溝の両方に取り付け、被験者たちに足し算課題をおこなわせた。すると、課題開始直後には下側頭回の視覚性数字形状領域にまず活動が生じ、その後50ミリ秒前後の間をおいて頭頂間溝に活動が生じるという時間差が見られたのだ。しかもそれら2領域の活動パターンは強い相関を示していた。このような相関は同じ患者がおこなった文章理解課題では見られず、計算課題に対して特異的に生じたものだと考えられる。

ダイチらの研究は因果的な情報の流れをそのまま可視化したものではない。しかし、まず数字の形状が処理され、その後、数量の情報が抜き出されるだろうという我々の直感を裏づける結果である。

数字と数量の分離

我々はアラビア数字が物体の個数と関連づけられていることを知っている。しかし、複雑な計算をすることに慣れた大人は、いちいちアラビア数字の「3」から3個の物体を連想しないだろう。「3＋2」という計算をするさいに、毎回3個の物体と2個の物体を想像して足し合わせていたら、長い時間がかかってしまう。

我々は無意識に数字から数量を連想しているのだろうか？　もしくは、数学（算数）を学ぶといずれかの時点で連想が切れるのだろうか？　それともそのような連想は最初から存在しないのだろうか？

その疑問に答えるため、2023年に筆者は子供の数認知発達研究の専門家である、フランス・リヨン神経科学研究センターのジェローム・プラド博士らと協力し、5歳児と8歳児を対象とした数字と数量のfMRI実験をおこなった。フランスでは義務教育は3歳から始まり、5歳時点で子供たちはアラビア数字をすでに習っている。つまり5歳児はちょうど数字－数量の連想が（もしあるとすれば）始まった直後の状態だ。それに対し、8歳児は簡単な計算を習っており、記号を使った数学に5歳児よりも長く親しんでいる。

目標は、脳における数字と数量の連想の強さと、その年齢による変化を調べることだ。しかし、脳活動の大小を比較する標準的な脳機能解析では連想の強さがわからない。我々にとって興味があるのは数字と数量の関連性であって、差異ではない。

我々は機械学習による**形式間デコーディング**と呼ばれる手法を利用することで、数字と数量の刺激に対する脳活動パターンの類似性を検出することを試みた。デコーディングとは、訓練に使った脳活動データから規則性を学習し、それをもとに新しいテストデータに対して予測や分類を行うアルゴリズムであり、その学習結果をモデルと呼ぶ。モデルの訓練に使った刺激とテストに使った刺激の形式(この場合はアラビア数字とドットパターン)が異なっていても、脳活動パターンが類似しているのであれば、一方の刺激で訓練したモデルが他の刺激にも適用(形式間デコーディング)できるはずである。

実験に参加した子供たちには、画面上に次々と切り替わるアラビア数字もしくはドットパターンの刺激を見せた。アラビア数字とドットパターンについて脳が同じ処理をする状況を作り出すため、それぞれの刺激には数が常に一定である順応条件と、数が次々と変化していく非順応条件の2種類を用意した。この順応条件では、第1章で紹介した数の順応効果(類似した数量を何度も見ていると脳活動が低下する現象)が起こることが期待できる。

我々は、子供がドットパターンを見ているときの脳活動パターンを入力して、順応条件と

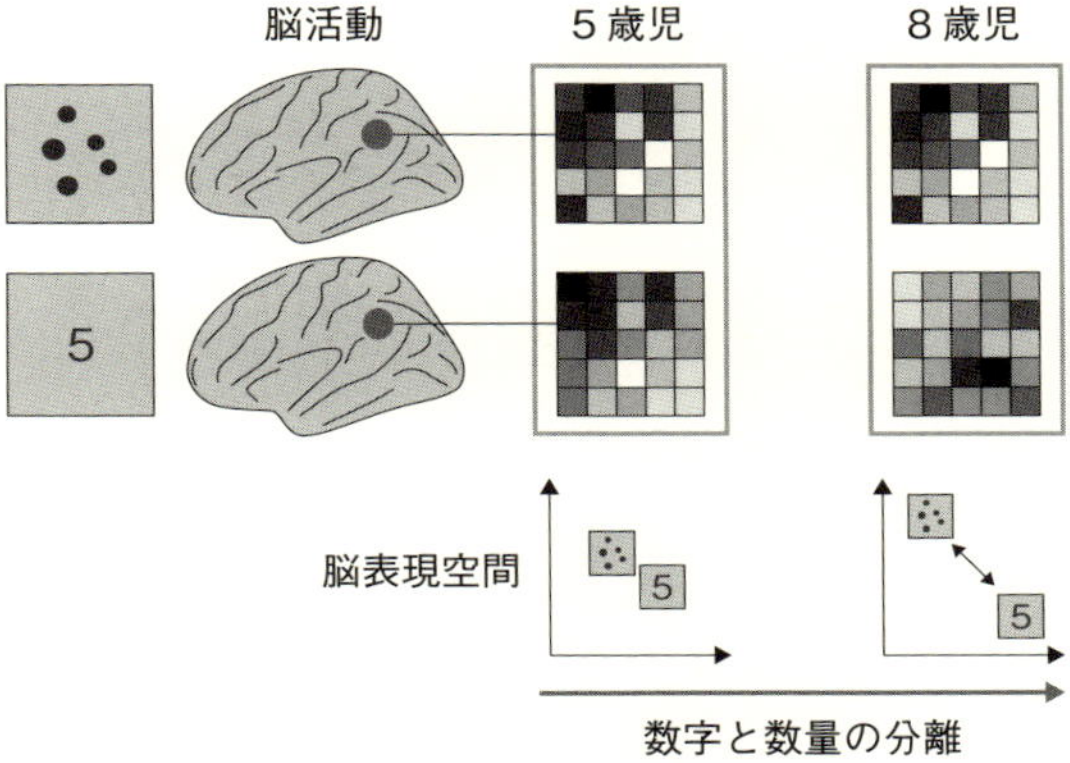

図 2-3　記号分離仮説（Nakai et al. 2023 より）

非順応条件を分類（デコーディング）するようにモデルを訓練した。そしてそのモデルを、今度は子供が数字を見ているときの脳活動パターンに適用した。

実験の結果、5歳児のｆＭＲＩデータで形式間デコーディングに成功した。これは、5歳児において数量と数字が類似した脳活動パターンをもつことを示している。特に形式間デコーディングは右半球の下頭頂《かとうちょう》小葉《しょうよう》（頭頂間溝の下にある部分）において顕著であった。

他方、8歳児のｆＭＲＩデータでは、どの脳領域においても統計的に有意な形式間デコーディングはできなかった。8歳児では数量と数字の脳活動パターンが異なっているのだ。

これらの結果は、数字と数量の連想に関する我々の感覚と一致している。数字を使っていても、それに対応する数量の情報が脳で表現されているわけではない。確かに脳は半ば自動的にアラビア数字に対し応答する。しかしその応答の仕方は同じ個数のドットパターンを見たときとは異なる。

このような教育による数量と数字の関連性の変化は、数認知の研究者の間で**記号分離仮説**と呼ばれている仮説と整合的である（**図2-3**）。記号分離仮説によれば、義務教育によって記号を使った計算に習熟した子供は、数字を使うときに数量に依拠する必要がなくなっていく。脳の中で、数字がだんだん数量から独立していくというわけだ。

数字はもともと、数量という物体の集まりの性質を抽象的な記号で表したものであった。しかしヒトが数字の扱いに慣れるにつれ、数字はその起源から離れて自立していく。これは子供にとっての数量が対数から線形へと変化していくことと奇妙な並行関係をなしている。数字という発明が、他の動物たちと共通の対数的数量を離れ、ヒトだけがもつ線形な数量を表象するように脳を作り変えたのであろうか？　いまだこれらの現象が本当に関連しているかは不明であるが、今後の発達認知神経科学のさらなる研究を期待したい。

3 数と空間の結びつき

図形は、数とならんで古代より広く扱われてきた数学の対象であり、図形を扱う数学の分野は幾何学と呼ばれる。2000年以上前に成立したとされるユークリッド幾何学は、少数の公理からスタートして証明を積み重ねる数学的体系を理解するための題材として、現在も利用されている。

さらに近代になり、我々は幾何学図形を座標空間上で表すことで、数と図形という異なる数学的対象の表現どうしを結びつけることが可能となった。

我々の脳は、数と空間をいかにして対応づけているのであろうか？　数認知の研究は、ヒトが数字や数量に対して無意識のうちに当てはめている空間的な性質を明らかにしてきた。

心の中の数直線

我々が数直線を書くときは、左から右に向かって数が大きくなるように書くのが一般的だ。

我々はこのような数直線の書き方に慣れ親しんでいるが、実は、数と空間的方向の対応は、我々の脳の中にも**心的数直線**として深く刻み込まれているらしい。

当時オレゴン大学に在籍していたスタニスラス・ドゥアンヌらは1993年に非常に興味深い現象を報告した。被験者たちは画面上に表示されたアラビア数字が奇数か偶数かを手でボタンを押して答えるように指示された。ところが、左手と右手で反応時間を比較したところ、1、2などの小さな数字は左手で押した方が反応が速く、8、9などの大きな数字は右手で押した方が反応が速かったのである。

ドゥアンヌらは（キーボードなどの）応答における空間と数の関連づけという意味の英語Spatial–Numerical Association of Response Codes の頭文字をとり、この現象を**スナーク（SNARC）効果**と名づけた（**図3-1**）。イギリスの数学者であり詩人のルイス・キャロルの詩に出てくる架空の生物「スナーク」にもちなんでいる。スナーク効果は数学の認知心理学でもっとも広く知られている現象の一つであり、膨大な研究が蓄積されている。なお、1が左、9が右と対応するというのはあくまで相対的な話であって、もし実験に使用される数字の範囲が10と19の間であれば、10が左側に対応するようになる。

しかし、右と左は対称なのだから、右側を大きな数に対応させる理由はないはずである。いったいどのような要因が、右側を大きな数に対応させているのだろうか？

考えられる要因の一つは、利き手の左右差である。ヒトの約90%は右利きである。そのため現代社会の多くのシステムが右利きを基準に設計されている。たとえば駅の自動改札機は右側に切符やカードを通さなくてはならず、自動販売機もコイン投入口が右側に設置されている。右方優位は言語にも反映されており、英語のrightは「右」以外にも「正しい」という意味をもっているし、もともと「左」を意味していたラテン語由来のsinisterは「不吉な」という意味をもつ。このような右方向の左方向に対する優越が、数直線の左右差につながっている可能性はないだろうか？

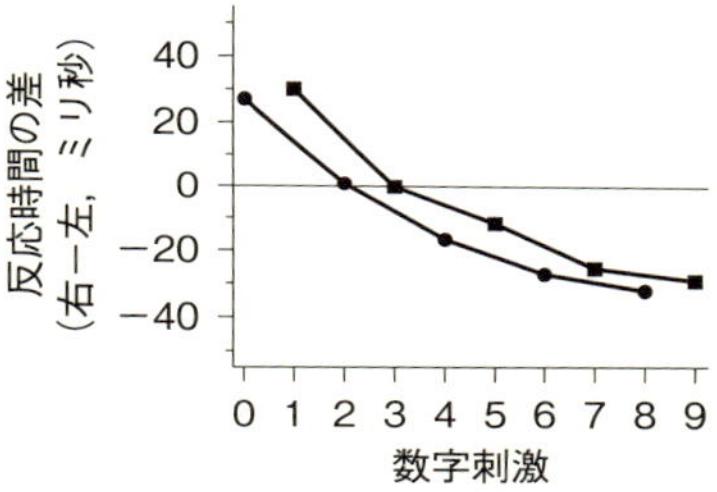

図3-1　スナーク効果．■が奇数，●が偶数に対するグラフを表す（Dehaene et al. 1993より）

実際には、スナーク効果に関して利き手の影響はほとんどないようだ。ドゥアンヌらは同じ論文で、スナーク効果が左利き被験者についても生じることを報告している。また、右利き被験者が腕をクロスさせた場合も（つまり身体の左側に右手がある）身体の右側が大きい数に対応する。そのため、身体の器用さがスナーク効果の直接的な原因ではないと考えられる。

別の可能性として考えられるのは、書字方向の影響である。左から右に文字を書くヨーロッパ圏の言語に対し、アラビア語やヘブライ語などは右から左に文字を書くことが知られている。スナーク効果は発見当初はフランス人被験者に対して報告されていたので、右から左に文字を書く文化圏の被験者では結果が異なる可能性がある。

実際にヘブライ語やアラビア語の母語話者を対象とした実験はいくつかおこなわれており、それらの多くではスナーク効果が現れないという報告がなされている。これは、数と空間的な左右の対応関係が、文化的経験によって形作られた可能性を示唆しているように思える。

数直線の向きは生得的か？

2015年に衝撃的な論文がサイエンス誌に掲載された。なんと生後3日のヒヨコがすでに、大きい数量を右に、小さい数量を左に対応づけているというのだ（**図3-2**）。パドヴァ大学のローザ・ルガーニらは、まずヒヨコを5個のドットパターンが書いてある中央パネルに向かうように訓練した。パネルの裏にはエサが置いてあり、パネルにたどり着いたヒヨコはエサを手に入れることができるようになっている。

次に、ルガーニらは同じヒヨコに対して左右に同じ個数のドットパターンが書いてあるパネルを1個ずつ置き、ヒヨコがどちらに向かうかを調べた。すると、5より小さい個数（たとえば2個のドットパターン）がパネルに書いてある場合にはヒヨコは左に向かい、5より大

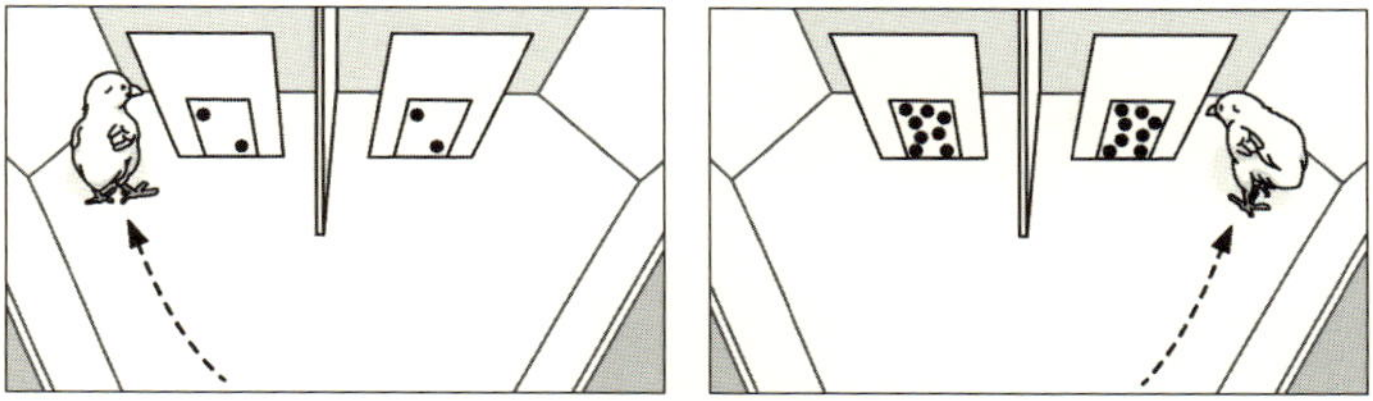

図 3-2　ヒヨコのもつ心的数直線(Rugani et al. 2015 より)

きい個数(たとえば8個)が書いてある場合には右に向かう傾向が見られたのだ。

当時所属していた研究室でこの論文を紹介したとき、「信じられない」「そんなバカな」という反応をもらったことを覚えている。それほど衝撃的な論文であった。生後3日のヒヨコは外界から最低限の刺激しか受けていない。ドットパターン状の視覚刺激はこれまで経験したことがないはずだ。もちろん数直線など見たことはないだろう。もし仮に数直線の向きが文化的な、偶然の産物であるならば、なぜ生まれたばかりのヒヨコも同様の傾向をもっているのだろうか?

この研究はその後、さまざまな議論を巻き起こし、ルガーニらに対する反論論文も複数寄せられた。しかし2017年にパリ・シテ大学のマリア・デ・ヘヴィアらは、生後間もない赤ちゃんも同様の傾向を見せるという研究を報告した。

デ・ヘヴィアらは、生後0〜3日の新生児に対して、まず18回もしくは6回の音刺激を聴かせ、その後、異なる回数の音刺激（18回に慣れさせていた場合は6回、6回に慣れさせていた場合は18回）を聴かせた。さらに、2回目の音刺激のときに左右どちらかに縞模様がついた長方形の視覚刺激を出し、新生児がどちらの視覚刺激をより長く注視するかを調べた。もし新生児が音刺激の個数を左右どちらかの空間的配置に対応づけているのであれば、視覚刺激を出した位置に関して注視時間の左右差が生じるだろう。

実際に、18回の音刺激に慣れた新生児は6回の音刺激が聴こえたときに左側をより長く見つめ、6回の音刺激に慣れた新生児は18回の音刺激が聴こえたときに右側をより長く見つめることがわかった。この結果は、新生児が小さい個数である6個を左側に、大きい個数である18個を右側に対応づける傾向をもっていることを示しており、ルガーニらが生後間もないヒヨコで示した結果と整合的なものであった。

脳の左右差

他方、脳の左右差という観点から考えると、数直線の向きが生得的というのはあながち荒唐無稽な話でもない。たとえば、脳卒中によって引き起こされる「半側空間無視」という症状がある。主に大脳右半球の損傷によって起こり、身体の左側に注意が向かなくなってしまう症状である。左半側空間無視の患者は、たとえば時計の絵を描いてもらうと、時計の右半分のみに数字があるような絵を描いてしまう。視覚情報としては入力があっても、左側に注意が向かなくなるのである。

この症状は、ほとんどの場合、身体に対して左側の空間に生じる。その理由は、脳の右半球が空間認識に関して優位である（脳の反対側と比べて、より主たる役割を担っている）からだと考えられている。実際に、空間的注意に関するｆＭＲＩ実験では、右頭頂葉の脳活動がより大きくなる傾向がある。また、網膜から入った情報は視覚野に到達するまでに交差があり、視野の右側については左半球で処理され、視野の左側は右半球で処理されている。そのため、右半球の脳損傷は左視野への注意に影響を与えるのだ。

空間的注意の左右差は何らかの形で、（数直線の認知を含む）視覚処理に左右差があることを説明できるかもしれない。しかし、なぜ右側が大きい数字で左側が小さい数字なのかという点は説明できないだろう。

２０２０年に、ポツダム大学のアリアナ・フェリサッティらにより、別の角度から数直線の左右差を説明する興味深い仮説が提案された。それが**脳周波数チューニング非対称性仮説**である。

周波数は音楽や音声に対してよく使われる用語であるが、画像に対しても同じように定義できる（これを**空間周波数**と呼ぶ）。音楽で低周波の音（低音）がリズムパート、高周波の音（高音)がメロディパートと対応するように、低い空間周波数は大まかな明暗に対応し、高い空間周波数は細かい輪郭に対応する。

脊椎動物では多くの種に共通して、脳の右半球は低い空間周波数に対して、左半球は高い空間周波数に対して、より強く応答することが知られている(これを**周波数チューニング**と呼ぶ)。そのため、視野の右側部分にある高周波成分、視野の左側部分にある低周波成分に対して、脳はより強く反応することになる。

一方で、ドットパターンなどの数量が多いほど、画像に含まれる高周波成分は多く、数量が少ないほど低周波成分が多い。したがって、脳の周波数チューニングの左右差が、数量の大小に対する応答の左右差に直結しているのではないかというのだ。

もしこの仮説が正しいのであれば、それは概算システムの起源と、その空間との対応を統一的に説明できるかもしれない。概算システムは空間周波数という物理的な性質への応答であり、それが脳における周波数チューニングの左右差という生物学的な特性と組み合わされることにより、生得的な数直線の向きが決まるということになる。

ただし、文化的な影響によりスナーク効果が生まれるという主張もいまだ強い支持を得ている。発見から30年以上経った現在でも、スナーク効果は論争の的であり続けている。

足し算は右、引き算は左

スナーク効果自体については認知神経科学による検証があまり進んでいない。脳において数直線との関連が報告されているのは、むしろ足し算や引き算といった演算だ。

フランス国立衛生医学研究所のアンドレ・ノップスらは２００９年に発表した研究において、足し算や引き算などの演算と人の視線の動きに関係があることを報告した。

ノップスらは、まず左右に現れる十字マークに対して視線を左右に動かす課題を実施し、そのさいの被験者の脳活動をｆＭＲＩで計測した。続いて、同じ被験者が足し算と引き算課題をおこなっているさいの脳活動を測定したところ、両方の課題において両半球の頭頂間溝に活動が見られた。目を動かすときに活動する脳領域は、演算に関わる脳領域と部分的に共通していたのだ。

続いてノップスらは脳活動から視線の動きを判別するモデルを訓練し、そのモデルを足し算、引き算をしているときの脳活動データに適用する形式間デコーディングをおこなった。すると驚くべきことに、もともと視線の動きに対して訓練されたはずのモデルが、脳活動に対しても足し算をおこなっているか引き算をおこなっているかを判別できたのだ。つまり、視線を右に動かすときの脳活動パターンは足し算のパターンに似ており、視線を左に動かすときの脳活動パターンは引き算のパターンに似ているということである。

また、リヨン第一大学のロマン・マチューらの２０１６年と２０１８年の研究は、実際に計算をさせずとも、足し算の記号（＋）を見るだけで右側への空間的注意が促進され、かつ空間的注意に関わる脳領域が活動することを明らかにした。

マチューらはまず、数字（たとえば３）、足し算記号（＋）もしくは引き算記号（－）を画面中央に表示させ、その数百ミリ秒後に画面の右側もしくは左側に２番目の数字（たとえば２）を表示させた。被験者が計算にかかる反応時間を調べると、足し算のさいには２番目の数字を右側に出した方が反応時間が短く、引き算のさいには左側に出した方が反応時間が短いことが判明した。この結果は、足し算記号が右方向への空間的注意を促進し、その後、右側に数字が出た場合に迅速な処理が可能になったからだと解釈できる。逆に引き算記号は左方向への空間的注意を促進し、その後、左側に数字が出た場合に迅速な処理が可能になったということになる。

続いてマチューらは、足し算記号のみを画面に表示したさいの脳活動をｆＭＲＩで測定した。また同じ被験者に対して、ノップスらと同様に視線を動かす課題を実施した。すると、何も計算をしていないにもかかわらず、足し算記号が画面に出ただけで、視線の動きに関連する脳領域である右頭頂葉の活動が見られたのだ。そのような効果は足し算記号において顕著であり、掛け算記号を見たときよりも脳活動が大きいことが明らかになった。

足し算記号と視線の動きに対して共通した脳領域が活動するというだけでは、それらが本当に同じ認知処理と関わっているかは不明である。しかし、記号の処理は通常、左半球の言語関連領域が中心となるはずであり、演算記号にだけ右半球が主に関わっている可能性があるということは、これらの記号が通常の言語記号とは異なるメカニズムで処理されているか、もしくは他の脳ネットワークと強い結びつきがあることを示唆する。

仮に、脳周波数チューニング非対称性仮説が主張するように、数量の大小が空間周波数という物理的性質と関連づけられるとしても、抽象的な演算記号と空間との対応は説明できない。演算記号の形（+、−）には、左右を示唆する要素や空間周波数と関連する要素は何もない。おそらく、もし生後間もないヒヨコに演算記号を見せたとしても、その行動に左右差は生まれないだろう。演算記号はヒトが生み出した文化的発明であるが、長い期間数学の学習を続けることによって、もともと生得的にもっていた数量の左右差と無意識のうちに対応づけるようになったのかもしれない。

対称性の認知

図形の対称性は幾何学にとって重要な性質である。対称性には平行移動、回転、折り返しという種類があるが、ここでは主に折り返し対称性に焦点を当てる。

対称性の認知は自動的で、ほとんど労力をともなわない。ヒトはわずか100ミリ秒ほどの短時間、図形を見ただけでも、それが対称的であるかを判断できる。図形はさまざまな向きで折り返すことが可能であるが、ヒトは左右反転の方が、上下反転や斜めの折り返しよりも簡単に判断できるらしい。

対称性の認知は、ヒト以外の動物についてもかなり研究がおこなわれており、これまでサルやハト、イルカやハチなどが物体の対称性を判断できるということが報告されている。また、生後4か月の赤ちゃんも図形が対称的かどうかを判断できるという研究もある。数量認知と同様に、基礎的な幾何学的性質である対称性にも言語能力や特別な教育は必要ないようだ。

脳機能イメージング研究によって、空間的な対称性に関連する脳部位も明らかになってきた。2005年にハーバード大学医学大学院の佐々木由香らは、ドットパターンを対称的に配置した画像を用意し、被験者がそれらの画像を見ているときの脳活動をfMRIで計測した。佐々木らはさらに画像の対称性の度合いを0％(完全に非対称)から100％(完全に対称)まで変えることで、対称性という特徴に対して応答する脳領域を調べた。

すると、視覚情報の入力に近い低次視覚野から高次視覚野である外側後頭葉に移るにつれて、対称画像を見たときの脳活動が、ランダムなドットパターンの画像を見たときと比べ大きくなることがわかった。脳活動は画像の対称性の度合いに関連しており、対称性の度合いが100%に近くなるほど、より活動が大きくなっていた。

さらに佐々木らはマカクザルを対象として同様のfMRI実験をおこない、やはり対称なドットパターンの方がランダムなドットパターンよりも高次視覚野の脳活動が大きくなることを報告している。

対称性判断に関して脳活動が見られた外側後頭葉は、脳における視覚情報の処理経路のうち下側を通る腹側経路に属し、数量に関連する頭頂間溝が属する上側の背側経路とは異なっている。どちらかというと、第2章で紹介した視覚性数字形状領域に近く、物体の形状認知に関与するとされる脳部位である。基礎的な数学的対象であっても、幾何学的性質である対称性は、数量とは異なる脳ネットワークが関与しているようだ。

幾何学の言語

左右の向きや対称性という単純な空間的配置を超えて、より複雑な図形の幾何学的構造は、どのように脳で処理されているのだろうか。

2019年に中国科学院大学のワン・リーピンらは、正八角形の頂点から構成される視

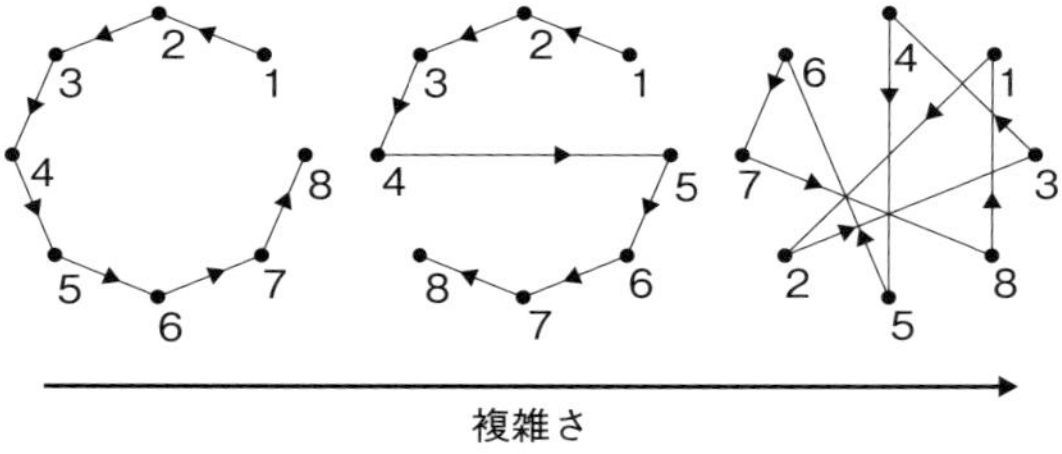

図3-3　正八角形の頂点の回転操作と折り返し操作によって作られる図形．右に行くほど複雑な操作が必要になる（Wang et al. 2019より）

覚刺激を利用して、さまざまな幾何学図形のパターンを処理する脳のメカニズムを調査した。ワンらの仮説は、ヒトは幾何学図形を自然言語と同様の文法操作によって生み出しているのではないかというものだ。ワンらはそれを「幾何学の言語」と呼んでいる。

正八角形の頂点間を線分で結ぶことでさまざまな幾何学図形を作ることができるが、それらの図形は頂点の回転と折り返し（線対称）という2種類の変換操作を組み合わせることで作ることができる（**図3-3**）。さらにワンらは、それぞれの変換操作を記号として表現することで、幾何学図形のパターンを自然言語のような記号列に落とし込んだ。たとえばもっとも単純な八角形（図3-3左）であれば、同じ角度の回転を8回繰り返しただけで表現できる。同じ角度の回転操作や折り返し操作は、「n回繰り返し」という形で書けば、情報を表現するために必要な文字列を圧縮できる。しかしS字の図形（図3-3中央）は2種類の回転操作の途中に1度折り返し操作が入るため、その図形を表現するためにはより長い記号列が必要であり、複雑さが増加する。不規則な図形(図3-3右)となると、繰り返し操作という形で文字列を圧縮することができないため、文字列はさらに長くなる。したがって、S字図形や不規則図形はより複雑な文法構造をもつ図形だと考えることができる。

ワンらはこのように幾何学図形の複雑さを定義することで、さまざまな形状の幾何学図形を見ているさいの両半球の下前頭回《かぜんとうかい》の活動が、図形の複雑さと相関することを明らかにした。視線の動きの影響を含んだ条件では(単純な左右の視線の動きにも関連する)頭頂葉の活動も見られたが、視線の動きの影響を補正するとそれらの領域の活動は消えることがわかった。

この脳領域(下前頭回)は、第4章で紹介するように、文章理解と計算に共通した文法処理に関して脳活動が見られる領域でもある。幾何学図形を見る課題で被験者はなんら言語処理や記号操作をしていない。それにもかかわらず言語の文法と関係のある脳領域の活動が見られたというのは興味深い。数直線上の単純な視線の動きは空間的注意と同様に頭頂葉で処理されているかもしれないが、それらが複雑に組み合わさった幾何学図形が生まれる背後には、ヒトのみがもつ言語能力が関わっている可能性がある。

4　計算する脳

＋、－、×、÷、……。数字や数の言葉に加え、我々は計算のための特別な記号である演算記号を発明した。人数や個数を把握するときに、演算記号なしにすべてを数え上げていたら、途方もない時間がかかってしまうだろう。数字と並んで、演算記号の発明なしには現代文明の発展を考えることはできない。

能力の個人差が非常に大きいというのも計算の特徴である。日本人のほとんどは掛け算の九九を暗記しているが、外国で暗算をしたさいに周囲の人々に驚かれた経験がある読者もいるかもしれない。逆に、そろばんを習った友人が信じられない速度で暗算をするのを見て度肝を抜かれたという人もいるだろう。

計算は数学の心理学・認知神経科学の主要なテーマの一つであるが、計算の得意・不得意は直接的に学校成績に影響があるため、教育心理学者も多く参入している。近年の研究は、計算に関わるさまざまな認知機能とその背後にある脳活動パターンが、ダイナミックに変化していくことを明らかにしてきた。

生得的な足し算と引き算

我々は小さな数量の足し算、引き算であれば、目視でもある程度計算することができる。たとえば3個のリンゴが入った箱にさらに4個のリンゴを入れた場合、そこには5個のリンゴが入った箱よりも多くのリンゴ(7個)があることは容易にわかるだろう。第2章で紹介したように、このような計算は限られた数の言葉しかもっていないアマゾンのムンドゥルク族も可能であり、西洋的な数学教育を受ける必要はない。

子供に対する数与え課題を考案したカレン・ウィンは、1992年の研究において、生後5か月の赤ちゃんでも大まかな足し算と引き算ができることを示した(図4-1)。

ウィンの実験は以下のようなものだ。まず赤ちゃんの目の前には人形が1体置いてあり、その後、衝立が持ち上がって人形が隠される。次にもう1体人形が衝立の後ろに置かれ、最後に衝立が倒れて人形が現れる。

このとき、通常であれば人形は1+1=2体出てくるはずであり、1体出てくるような状況は現実では不可能である。ウィンは、赤ちゃんが不可能な状況の場面を長く注視することを明らかにした。つまり、赤ちゃんは1+1が2になることを理解していると解釈でき

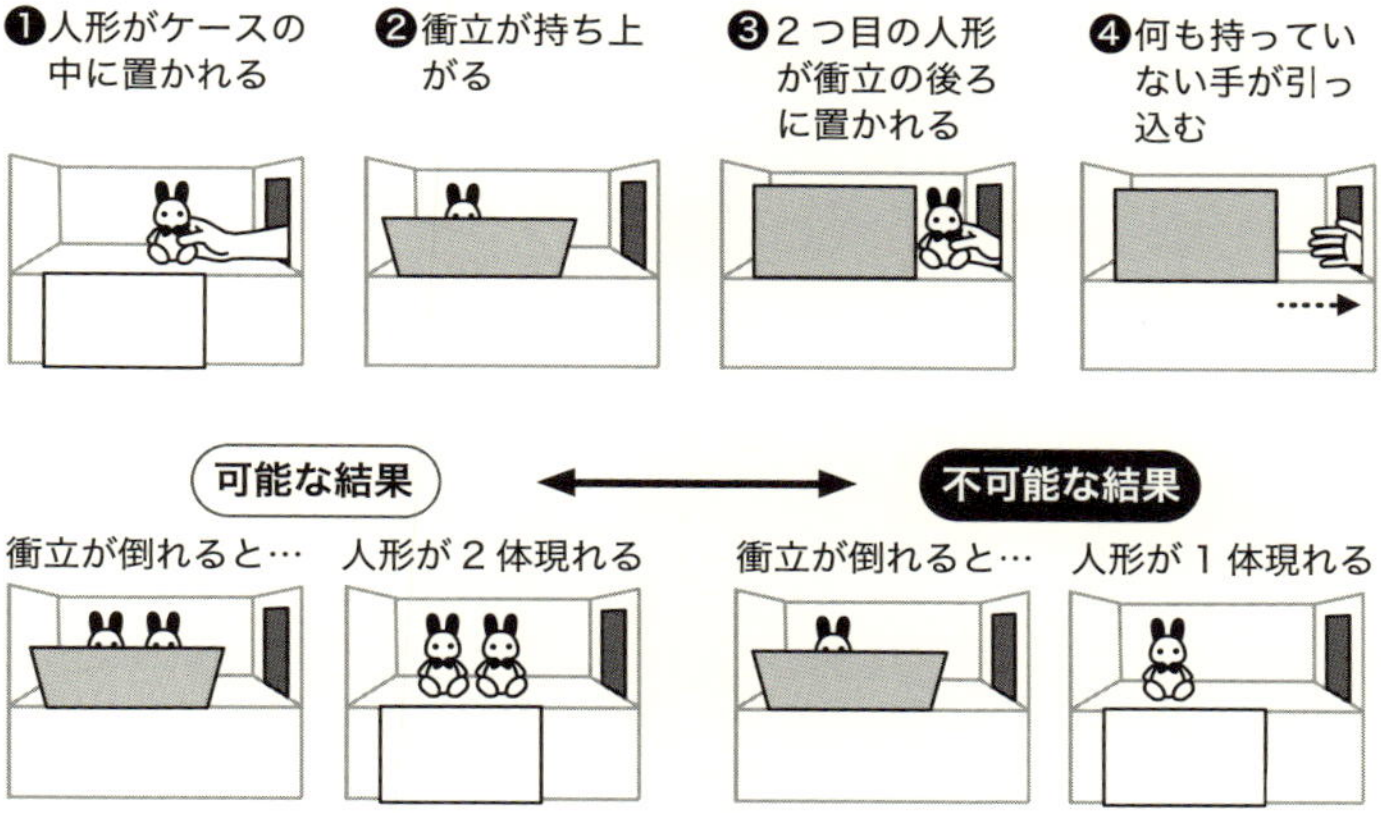
❶人形がケースの中に置かれる
❷衝立が持ち上がる
❸２つ目の人形が衝立の後ろに置かれる
❹何も持っていない手が引っ込む
可能な結果
不可能な結果
衝立が倒れると…
人形が２体現れる
衝立が倒れると…
人形が１体現れる

図 4-1　赤ちゃんの足し算．上段では衝立の後ろに人形が置かれる．下段は可能条件（左）と不可能条件（右）を表す（Wynn 1992 より）

る。

同様に、ウィンは最初に2体の人形を置き、衝立が持ち上がった後に人形を1体取り去れば2−1が1になることを、赤ちゃんが理解していることを示した。その後の研究で、ウィンらは赤ちゃんが5個以上の個数についても大まかな計算ができることを報告している。

さらに、デューク大学のジェシカ・カントロンらは2007年の研究において、マカクザルも大まかな足し算ができることを示した。サルたちは2つの問題用ドットパターンを500ミリ秒ずつ見てから、新たに左右に表示した2種類の回答用ドットパターンのうち、問題用ドットパターンの合計と等しいものを選ぶように訓練された。

サルたちの反応パターンは、ヒト被験者の大まかな足し算の反応パターンと類似していた。2種類の回答用ドットパターンの個数が近いほど、正答率が低下し、また反応時間が増大したのである（数距離効果）。その後の実験で、カントロンらはさらに、サルたちが大まかな引き算もできることを報告している。

これらの研究は、大まかな足し算と引き算は義務教育で数学を学ばずとも可能であり、かつヒト以外の動物も共通してもつ概算能力をベースとしていることを示唆している。

脳損傷による計算能力の喪失

しかし、正確な計算はそうはいかない。まず、正確な計算にはその前提として、正確な数量を表すための数字や数の言葉が必要である。計算に使われる2つの数量が「7くらい」と「5くらい」のように不正確であれば、計算結果が正確になるはずがないからである。そのため、正確な計算に関する研究は主にヒトの成人を対象として進められてきた。

特にｆＭＲＩなどの非侵襲的脳機能イメージング技術が発達する以前には、脳と認知機能の関連性の研究はもっぱら脳損傷患者を対象とした検査を通じておこなわれてきた。その中で徐々に明らかになってきたことは、正確な計算の中でも足し算、引き算、掛け算といった異なる演算は別々の認知メカニズムに基づいて処理されているらしいということである。たとえば1997年にスタニスラス・ドゥアンヌらが報告した症例では、脳の損傷部位の違いによって、ある患者は掛け算はできても引き算ができなくなっていたのに対し、別の患者では引き算はできても掛け算ができなくなっていた。

MAR（名前のイニシャル）という患者は、右半球の頭頂葉に損傷を受けていた。彼は全般的に計算問題の成績が悪かったが、掛け算は27％間違えるのに対し、引き算は75％も間違えていた。たとえば3－1といった単純な引き算でもうまく答えられなかったのである。

それに対し、BOOという別の患者は、左半球の深い皮質下の部分に損傷を受けていた。彼女はMARよりは全般的に成績は良かったが、引き算は5・7％しか間違えないのに対し、掛け算は28％も間違えていた。また正解した場合でもゆっくりとしか回答できず、2×3のような簡単な掛け算も間違えていた。

ドゥアンヌらは、掛け算が九九表のような言語的な意味記憶に基づいており、それが左半球の損傷によってうまく機能しなくなったのではないかと解釈している。それに対して、引き算は量的な判断によって計算されるため、右半球の頭頂葉の損傷によって機能しなくなったというのだ。

演算ごとに異なる脳の領域が関わっている可能性がある一方、演算全般に対して同じ脳部位の損傷が影響するという報告もある。カリフォルニア大学のジュリアナ・バルドらが2007年におこなったより広範な患者群を対象とした研究では、言語能力の障害（失語症）と計算能力の障害（失算症）では共通して、左下前頭回周辺の損傷が関与していることが明らかになった。

バルドらが用いたのは、脳損傷症例マッピングという手法である。解剖学的MRIデータを用いて、脳の部位ごとに損傷を含む患者群と含まない患者群に分け、さらにそれら患者群の行動データを比較することにより、特定の認知機能と関連性のある脳部位を同定することができる。左下前頭回周辺の損傷は、失語症と失算症の患者双方において高い頻度で観測されたのである。

バルドらの研究は演算ごとの違いを調べてはいない。もし、より細かく演算ごとに同じ手法を適用することができれば、ドゥアンヌらが報告していたような症例報告の結果を統合できる可能性がある。

計算の脳機能イメージング

計算と脳領域の対応はもともと脳損傷患者を対象とした研究により知見が蓄積されていたが、その後、健常被験者を対象とした非侵襲的脳機能イメージング技術が発展すると、部分的にそれまでの知見を裏づけるような結果に加えて、それまでの理解を覆すような結果も現れてきた。

たとえば、2011年に当時ノースウェスタン大学に在籍していたジェローム・プラドらのおこなった研究では、fMRIを用いることで、成人において掛け算と引き算の脳活動が分離していることが明らかになった。

プラドらは、まず計算課題とは独立に数量比較課題と単語比較課題を実施し、それぞれに関連する脳領域を同定した。数量比較課題では被験者はたとえば12個と36個のドットパターンを比較し、単語比較課題ではたとえばjazzとhasが韻を踏んでいるかどうかを比較した。数量比較課題では主に両半球の頭頂間溝が活動し、単語比較課題では左半球の下前頭回に活動が見られた。

続いて被験者が掛け算と引き算をおこなっているときの脳活動を解析したところ、数量に関わる頭頂間溝では引き算の方の活動が大きく、また言語に関わる下前頭回では掛け算の方の活動が大きいという結果が得られた。掛け算と引き算の独立という結果は、ドゥアンヌらが脳損傷患者で報告した結果と一致するものである。ヒトは、引き算については量的情報を利用して答えを導き出しているのに対し、掛け算については九九表のような計算結果自体の意味記憶に基づいて解いているようなのだ。

プラドらの研究に代表されるような脳機能イメージング実験は、実験に利用される課題や被験者群の違い、解析のしかたの違いにより結果がばらつく可能性がある。そこで2024年に、ロシア・国立研究大学高等経済学院のアーシャ・イストミナらは、過去におこなわれた計算に関する多くのfMRI研究を総合するメタ解析をおこなった。

fMRI研究の多くでは、統計的に意味のある脳活動が観測された領域を表として掲載する。表には標準脳における脳活動の位置を3次元座標で示した情報が載っているが、メタ解析では大量の先行研究の表から3次元座標の情報を取り出し、その座標の分布をもとにして、もっとも脳活動が報告されやすい領域を見つけ出すのである。

残念なことに四則演算の中でも割り算については研究自体がかなり少なく、メタ解析できるほど十分なデータがなかったようだ。しかし足し算、引き算、掛け算という3種類の演算には共通して、左半球の下前頭回と、頭頂間溝が関係しているという結果が得られた。

プラドらの研究は演算特有の脳領域があるという結果であり、イストミナらのより大規模なメタ解析研究はそれら演算に共通する脳領域があるという結果である。これらは一見矛盾しているようだが、必ずしもそうではない。

たとえば演算記号と2つの数字を組み合わせる操作(これは第5章で紹介する文法構造にかかわる)はどの演算でも共通である。しかし組み合わせた結果としてどのような数字を出力するかというアルゴリズムの部分は、演算特有の違いがある。掛け算は意味記憶に大きく依存するのに対し、第3章で紹介したように、足し算と引き算については空間的な右左との対応づけがある。これらの違いが、共通した脳活動パターンの上にさらに演算固有のパターンを重ねているのかもしれない。

学習による計算方法の変化

子供たちが初めて計算を習うのは、多くの場合、小学校低学年である。その後、彼らは時間をかけてだんだんと足し算や掛け算に習熟していく。

計算結果が同じであっても、計算のやり方は一様ではない。足し算を習ったばかりの子供は、数え上げ法を採用する傾向がある。**数え上げ法**は、文字通り1個ずつ数を数え上げることで足し算の正解にたどり着くやり方である。

たとえば「4＋3」という計算問題を考えてみよう。典型的な数え上げ法では、4から始まって5、6、7と3回分数え上げることで正解にたどり着くことになる。しかし、このやり方は逐次的な数え上げをする必要があるため、足す数が大きくなるほど計算に時間がかかってしまう。しかも数え上げする回数が多いほど途中で間違える可能性が高くなり、あまり効率的なやり方とは言えない。

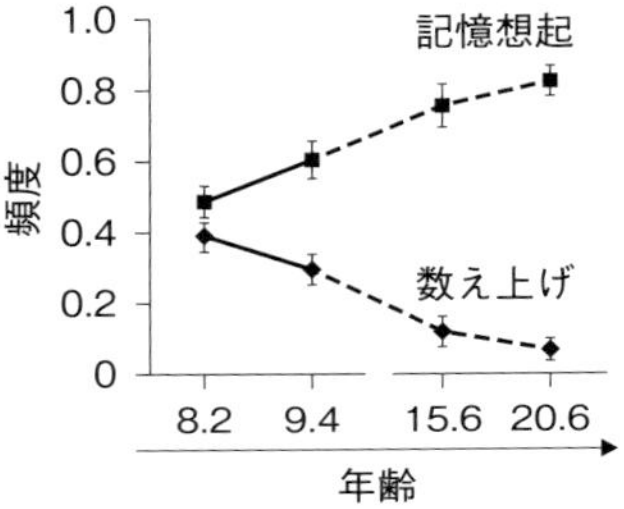

図 4-2　子供の足し算の方法の変化．◆は数え上げ法，■は記憶想起法を使う頻度を表す（Qin et al. 2014 より）

足し算に習熟した子供は、だんだんと数え上げ法から**記憶想起法**に移行していく。記憶想起法では、子供たちは与えられた足し算の結果を意味記憶として覚えてしまい、問題から意味記憶を直接想起して結果を取り出す。この方法では逐次的な処理は必要でないため、数え上げ法よりも素早く回答することができる。さらに間違える可能性も小さくなる。

２０１４年にスタンフォード大学のシャオゼン・チンらは、8歳前後の子供たちを対象に彼らの計算方法と脳活動の関連を調べた。この年齢層の子供たちでは数え上げ法と記憶想起法を使う者がほぼ半々であり、同じ子供でも問題ごとに数え上げ法を使ったり記憶想起法を使ったりする場合がある。チンらは子供たちの指や口の動きに対する実験者側の観察と、子供たちの自己報告を照らし合わせることで、足し算問題について記憶想起法を使う頻度を調査した。

最初の実験から約1年後の追跡調査において子供たちに同じ実験を実施したところ、より多い割合の子供たちが数え上げ法ではなく記憶想起法を使うようになっていた。追加で実験をおこなった15歳児および大人ではさらに記憶想起法の頻度が高くなっていた（**図 4-2**）。

チンらが8歳児とその1年後の実験での足し算課題中の脳活動をｆＭＲＩで測定したところ、8歳時点と比べて、9歳時点では記憶と関連する脳領域である海馬の活動がより強くなっていた。さらに、記憶想起法をより頻繁に使う子供ほど、海馬と頭頂間溝の間の機能的相関(2つの脳領域の活動が類似した時間的変化パターンを示すこと)が高くなっていた。子供たちの学習にともなう計算方法の変化が、脳活動パターンの変化に反映されていたのだ。

発達性計算障害

同じ年齢層の子供の中には数学が得意な子供もいれば、数学が苦手で数式を見るのも嫌だという子供もいる。そういった数学能力の個人差は、単純な努力の量や家庭環境の問題、全般的な知能の高低だけでは説明できない。知能も正常範囲で、他の科目にはなんら問題がないのに、いくら頑張っても数学だけができない、というケースがあるのだ。これは学習障害の一種で、**発達性計算障害**と呼ばれている。

国によって判断基準が異なるため一概に論じることは難しいが、たとえばユニヴァーシティ・カレッジ・ロンドンのブライアン・バターワースらによる２０１３年の調査によれば、アメリカにおいて発達性計算障害の割合は人口の3・5〜6・5%程度であるとされる。日本では文部科学省が小中学校教員に対するアンケート調査を10年ごとに実施しており、２

022年の調査では「「計算する」又は「推論する」に著しい困難を示す」とされた児童生徒数の割合は3・4%であった。

一口に発達性計算障害と言っても、その中身は多様である。個数の量的な判断に問題を抱える子供もいれば、数量と数字の対応に困難を示す子供もおり、また計算の意味記憶に問題を抱える子供もいる。研究者の中には発達性計算障害を量的判断の問題に還元しようとする者もいるが、過度の単純化は危険である。仮に量的判断に関するトレーニングをおこなう学習支援プログラムを開発したとしても、それがすべての発達性計算障害の児童生徒に対して有効であるとは限らないだろう。

たとえば2009年にチューリンゲン大学のカリン・ランダールらが小学校2〜4年生に対しておこなった調査では、発達性計算障害をもつ児童のうち26〜37%が読解についても問題を抱えている、すなわち**発達性読字障害**に該当することが判明している。

さらに、ルーヴェン・カトリック大学のライアン・ピータースらが2018年におこなった研究では、発達性計算障害と発達性読字障害をもつ児童に対して、彼らの数認知に関する脳活動を計測するfMRI実験がおこなわれた。発達性計算障害と発達性読字障害の児童はどちらも健常な児童よりもドットパターンや数字を比較したときの脳活動が小さかったが、発達性計算障害と発達性読字障害の間には有意な差は見られなかった。

これらの結果は、少なくとも一部の発達性計算障害については、言語能力の問題がその大きな原因となっている可能性を示唆している。それは計算課題で言語関連の脳領域が活動するというプラドらの研究や、失語症と失算症が共通の脳領域の損傷によって生じるというバルドらの知見と一致するものである。

左利きの数学

数学を十分に使いこなせる大人の間でも、計算中の脳活動パターンは人によって大きく異なることがある。

ほとんどの数学の認知神経科学研究では、実は右利きの被験者しか募集しない。それは、左利きの人たち(ここでは両利きも含む)の脳活動パターンが右利きの人たちとは異なる場合があるため、集団データ解析のさいに左利き被験者が含まれているとノイズとなり、平均的な結果が見えにくくなってしまうからである。

これは非常に残念な傾向だ。人類の10人に1人は左利きであるが、現代の多くの認知神経科学はその人口を無視しているのである。

脳は左半球と右半球に分かれているが、右利きのうち約95%は左半球が言語に関して主たる役割を担っている(これを**優位半球**という)。それに対し左利きでは、約70%のみが言語に関する優位半球が左側であり、残り30％は優位半球が右側、もしくは両半球にまたがっている。

脳の優位半球は普段の生活では全く意識することはないが、たとえば脳腫瘍の摘出手術では事前に優位半球を知っておくことは重要である。誤って言語関連領域やそれらをつなぐ神経線維を切除してしまった場合、患者の言語機能に障害が残る可能性があるからだ。

確かに平均的な脳活動の解析という観点からは、研究対象から左利きを除外する方が合理的かもしれない。しかし逆に考えれば、左利き被験者のこのバラツキは非常に魅力的なデータになりうる。もし計算が本当に言語能力に大きく依存しているのであれば、言語の優位半球が右側にある被験者は、計算するときの脳活動も優位半球が右側になるのではないだろうか？

その可能性を検討するため、２０２０年に筆者は東京大学（当時）の岡ノ谷一夫博士とともに、左利きおよび両利き被験者のみを対象としたｆＭＲＩ実験をおこなった。被験者たちには文章理解課題、計算課題をおこなってもらい、そのさいの脳活動を比較した。全体を平均してみると文章理解課題と計算課題に共通して両半球の下前頭回に活動が見られたが、個々の被験者を見ると、左半球に脳活動が偏っている人、右半球に偏っている人、両側が満遍なく活動する人と、多様なパターンが存在した。

そこで筆者らは、**側性化指標**という、脳活動の左右への偏りを定量的に評価する指標を導入した。側性化指標はプラス100のときに完全に左側に脳活動が偏っており、マイナス100のときに完全に右側に偏っていることを表す。

すると、文章理解課題における側性化指標と、計算課題における側性化指標が相関していたのだ。つまり、文章理解で左半球が活動する人は計算でも左半球が活動し、文章理解で右半球が活動する人は計算でも右半球が活動するということである。

この結果のみからは、いったい言語のどのような性質が数学と共通しているかは不明である。しかし、計算に関するこれまでのさまざまな研究は、我々が効率的に計算をするにあたって言語の意味記憶が本質的な役割を果たしていることを示唆している。左利きの数学をさらに研究することで、脳における意味と計算の関係性がより深く理解できるかもしれない。

5 数式を生み出す文法構造

我々の数学能力は数字を使った四則演算にとどまらない。我々は演算を幾重にも組み合わせることにより、複雑な数式を生み出すことができる。記号の組み合わせは、個々の記号だけで表現できる内容を超えて、はるかに豊かな対象を表すための源泉となっている。

さらに、数字を抽象的な記号 x や y で置き換えた代数は、数学を具体的な数字から切り離し、より抽象的な記号とその組み合わせの世界へと扉を開いた。

このような複雑な数学は、もはやヒト以外の動物には不可能である。ここに至って、数学の認知神経科学はヒトのみを対象にするしかなくなる。心理実験や脳機能イメージング技術は、「ヒトの脳の何が特別なのか?」という問いに答えるための強力な手段となる。

数式の文法

我々は数字と演算記号を組み合わせることで、無限に複雑な数式を生み出すことができる。

たとえば「3＋2」という数式に「×5」を組み合わせてみると、「(3＋2)×5」という、より複雑な形の数式になる。さらに「−1」を組み合わせて「(3＋2)×5−1」、「/3」を組み合わせて「((3＋2)×5−1)/3」というように、際限なく長い数式を作ることができる。このように、ある記号を組み合わせた結果に対してさらに別の記号を組み合わせることができる性質を**再帰性**という。

一方で、数式の書き方にはルールもある。たとえば「(3＋2)×5」を「(＋3 2)×5」と書くことはできない。これは数式を記述するルールに反するからだ。ここで言うルールとは、要するに文法である。数式の記述にも、言語と同様に文法が存在しているのだ。

ちなみにポーランドの論理学者ヤン・ウカシェヴィチが考案したポーランド記法という書き方では、演算記号を左側に置くため「＋3 2」と書いても問題はない。しかしポーランド記法は中央に演算記号を置く記法と混ぜることはできない。ポーランド記法で統一するのであれば、「×(＋3 2)5」が正しい数式となる。また、逆ポーランド記法という書き方では、演算記号を右側に置くため、「(3 2＋)5×」が正しい数式となる。

再帰性は、言語学において自然言語の文法がもつ中心的な性質の一つであると考えられている。「太郎がリンゴを食べた」という文を考えてみよう。その文を別の文「二郎が見た」と組み合わせることで、「太郎がリンゴを食べたのを二郎が見た」という、より複雑な文を作ることができる。このような操作は再帰的に繰り返すことができ、「太郎がリンゴを食べたのを二郎が見たのを三郎が知った……」というように、無限に長く複雑な文を生み出すことができる。

再帰的な構造を視覚的にわかりやすく表現するため、言語学では**木《き》構造《こうぞう》**がよく利用される。「2×4+5」という例で考えてみよう。木構造の左側の一番下には「×」と「4」が組み合わさった二又の木があり、それが「2」と一緒に上側の木にさらに埋め込まれている。一方で木構造の右側では「+」と「5」が二又の木を形成し、その木がさらに左側の木とつながることでより大きく階層的な木構造が形成されている(**図5-1**)。

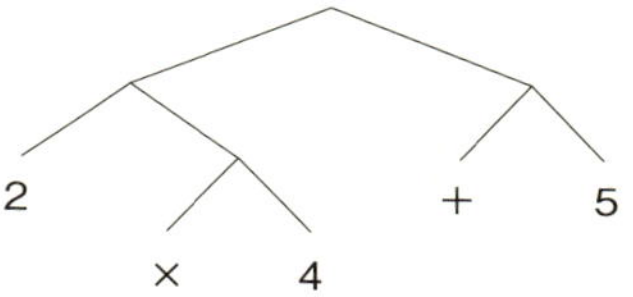

図5-1 「2×4+5」の木構造(Matsumoto & Nakai 2023より)

ここで取り上げた例はもっとも簡単な四則演算の組み合わせであるが、この考え方を拡張すれば、xやyからなる代数方程式や、微分積分といったより複雑な数式についても同様に木構造で記述できる。

実際に、2023年に筆者は言語学者である金沢星稜大学の松本大貴博士と共同研究をおこない、さまざまな数式のもつ文法構造やその変換操作が理論言語学で提案されてきた規則によって説明できることを示した。たとえば方程式では左辺と右辺の間で移項操作をすることができ、$x+3=4$ から $x=4-3=1$ を導くことができる。移項操作には、英語で「What did John play?」のような疑問文を作るときに、本来は動詞 play の後にあるはずの目的語 what を文頭に移動する操作と同じ規則が適用できる。

言語と数学の文法構造は、単に表面的に似ているというだけではなく、全く同じ規則によって生み出されている可能性があるのだ。

数式と文の相互作用

数式が自然言語と同様の文法構造をもっていることは、単なる偶然であろうか？　数式記号の発明に対して自然言語の利用が先行していたことを考えると、ヒトはもともと自然言語で利用していた文法処理能力を応用して数式を生み出した可能性が考えられる。もしその推測が正しければ、数式と文は部分的に同じ脳のリソースを使って処理していることが予想できる。

領域間プライミングは、異なる認知領域が同じ（脳の）リソースを使っているかを調べるための有力な手法である。プライミングとは、同じ性質の刺激が連続して与えられたときに、後続する刺激への反応が速くなったり正答率が上がる現象である。たとえば表示された数字が5より大きいかどうかを判断する課題をおこなうとき、数字が表示される直前に（妨害用刺激でマスクしながら）被験者が知覚できないほど短い間（数十ミリ秒）だけ5より大きい数の言葉を表示すると、その直後に表示された数が5より大きい場合は回答時間が速くなり、反対に直後の数字が5より小さい場合は回答時間が遅くなる。

これは非常に短い時間の制限がある課題であるが、心理言語学の場合は、被験者に文章を自由に書いてもらう実験でプライミング効果を調べる研究が広くなされている。グラスゴー大学のクリストフ・シーパースらは２０１１年の研究において、被験者が計算課題をした後に作文課題をしたところ、直前に計算させた数式と類似した構造をもつ文章を書いてしまう傾向があることを報告した。

たとえば90－5＋15/5という数式と90－（5＋15）/5という数式を比べてみると、前者では最後の5という数字は15という直前の数字に対し演算がおこなわれている。しかし後者では、5は（5＋15）というより大きな塊に対し演算がおこなわれている。

数式の計算を終えた後に、被験者は"The tourist guide mentioned the bells of the church that...（観光ガイドは…な教会の鐘に言及した）"のような文の一部が与えられ、that の後に続く表現を自由に書くように指示された。被験者が書いた表現は、たとえば"the bells of the church that was very old"であったり、"the bells of the church that were very old"であったりする。どちらも日本語では「とても古い教会の鐘」と訳すしかないが、前者と後者では

that節が指し示す対象が異なる。that節内の動詞の形から、前者ではthat節が"the church"だけを指すため、古いのは教会の方であるが、後者では"the bells of the church"という大きな塊を指すため、古いのは鐘の方である。

シーパースらは、被験者が90－(5＋15)/5という、最後の数字が大きな塊にかかる数式を解いた後には、"the bells of the church that were very old"のような、that節がより大きな塊を指し示す表現を書く傾向があることを示した。逆に被験者が90－5＋15/5という数式を解いた後には"the bells of the church that was very old"のような、that節がより小さな塊を指し示す表現を書く傾向があった。これは、数式の文法構造が文の文法構造に影響を与えることを示唆している。

数式の文法に関わる脳領域

数式の文法が本当に自然言語の文法と同じ認知メカニズムに基づいているのであれば、それらには同じ脳領域が関わっていることが予測できる。筆者は複数の脳機能イメージング研究を通して、その可能性を検討した。

まず筆者らは２０１４年の研究で、被験者が文法的に異なる複雑さをもつ計算をおこなったさいの脳活動を調べた。ここで問題となるのが、文法的な複雑さをどのように計量するか、特に脳の処理負荷という点でどのような指標が適切であるか、である。筆者らは自然言語を対象とした先行研究をもとに、木構造の階層性を文法的複雑さの指標とすることを考えた。

たとえば5－2と5＋3という計算について、それぞれ単独で計算した場合は単純な木構造になり、階層性＝1と定義できる。しかし、もし5－2の結果をさらに別の計算に利用し、たとえば(5－2)＋5などの計算をおこなった場合、計算の木構造はより複雑になり、階層性＝2となる。前者の計算では計算結果をさらに利用することはないが、後者の計算では計算結果を再帰的に次の計算に利用しているのである。

我々がたとえば2、5、8、……という等差数列でおこなっているのは、まさに後者の再帰的計算である。我々はまず第2項から第1項を引くことで公差を計算し(5－2)、さらに第2項に公差を足すことで第3項を計算する(5＋3)。筆者らは足し算と引き算からなる単純計算課題、等差数列課題、そしてさらに階層性が高い階差数列課題を用意し、被験者がそれらの問題を解いているときの脳活動をｆＭＲＩで計測した。

課題の階層性と関連する脳領域を調べると、自然言語の文法処理の先行研究で脳活動が報告されていた下前頭回の活動が計算課題でも見られ、さらに計算の階層性が高くなるに従って脳活動が大きくなることがわかった。単純計算課題と等差数列課題を比較すると、両者の演算回数は同じで、利用している数字の個数も同じである。唯一の違いは木構造の階層性であり、この2つの課題に違いがあったことから、この脳領域は木構造で表現される数式の文法的性質を反映している可能性が高いと言える。

続いて、筆者はさらに一歩踏み込み、数学と言語の階層性が、単に同じ脳領域が活動するというだけではなく、それらが全く同じ脳のシステムであることを示すための実験を東京大学(当時)の岡ノ谷一夫博士とともにおこない、その結果を2018年に発表した。

前節で紹介したように、文法的に類似した数式と文が連続して被験者に与えられたさいに構造的なプライミング効果が生じる。もし言語と数学の文法が同じ脳のシステムで処理されているのであれば、それらの間の構造的相互作用が脳においても見られるだろう。

なお、ここでいう相互作用とは、第1章でも紹介した脳の順応効果のことである。同じ個数のドットパターンを連続して何度も見ていると、数を処理している脳領域の活動が低下していく。それと同様に、同じ文法構造をもつ数式と文を連続して見たときに、文法処理に関わる脳の領域の活動が低下するのではないかと考えたのだ。

我々が実験で使った数式と文の例が**図5-2**に示してある。「強い熊が眠る」と「4×3+8」はどちらも左側の2つの要素が先に結びついているが、「熊が深く眠る」と「8+3×4」はどちらも右側の2つの要素が先に結びついている。

結果は予想通りであった。前述の先行研究で報告した下前頭回において、異なる文法構造の文と数式を見たときの脳活動に比較して、同じ文法構造の文と数式を見たときに脳活動が低下する順応効果が生じたのである。このような順応効果は、文→数式の順番で回答させた場合と、数式→文の順で回答させた場合に、同様に観測された。言語と数学の文法構造は相互に影響を及ぼし合っており、それが脳活動にも反映されていたのである。

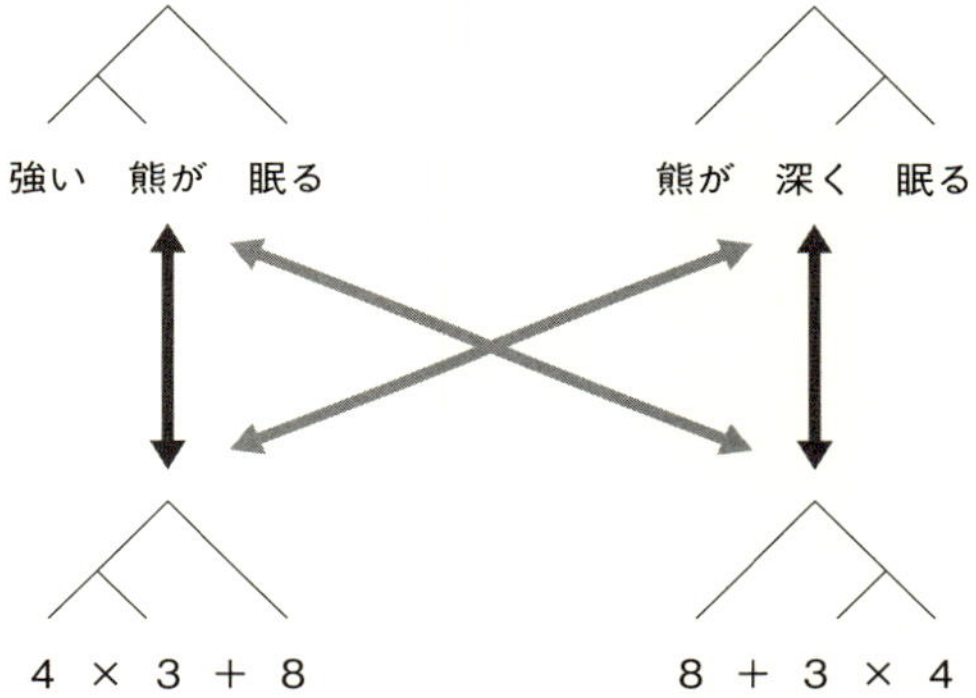

図 5-2　数式と文の相互作用．ただし図 5-1 よりも簡略化した木構造を利用している（Nakai & Okanoya 2018より）

AIモデルの数学

近年、言語や数学の文法を語る上で外せないのが、急速に発展した人工知能（AI）モデルである。AIモデルは、さまざまな分野でヒトを凌駕する能力を示している。数学は、AIの応用として盛んに研究されている分野の一つだ。

特にグーグル・ブレインのアシシュ・ヴァスワニらによって2017年に提案されたトラ

ンスフォーマーモデルは、注意（アテンション）というメカニズムを採用することで、従来のＡＩモデルが苦手としていた単語の長距離依存関係をうまく捉えることに成功し、多くの注目を集めた。トランスフォーマーが利用した注意機構は、今や多くの先端的なＡＩモデル（特に大規模言語モデルと呼ばれるもの）の中で使われる中核的な仕組みとしての地位を確立している。

長距離依存関係とは、「もし……ならば」などの、文の中において離れた単語同士が依存し合う関係を指す。ヒトは、それらの単語の間に他の多くの単語が挟まっていても依存関係を理解することができ、ヒトの言語と他の動物の音声コミュニケーションの違いを示す文法的性質の一つであると考えられている。トランスフォーマーの登場によって、ヒト特有だと考えられていた文法処理能力が（ある程度）機械の中で再現できることが明らかになったのだ。

トランスフォーマーの影響は自然言語処理だけにとどまらない。数学問題においても、トランスフォーマーをもとにしたＡＩモデルが数多く開発されている。

筆者は、このトランスフォーマーに注目した。もしヒトの脳が言語を処理するのと同様な方法で数式を処理しているのであれば、もともと自然言語処理のために開発されたトランスフォーマーは、数式計算にともなう脳活動を説明できるのではないだろうか？　そこで筆者は２０２３年に大阪大学の西本伸志博士との共同研究により、数学問題のデータセットを解くように学習させたトランスフォーマーと、ヒト被験者の脳活動を比較する実験をおこなった。

トランスフォーマーは、入力された数式を内部でベクトル(数字の列)に変換して処理している。その入力が何層もの段階を経て変換され、計算結果として出力されるが、変換される途中の情報もやはりベクトルとして表現されている。

そのベクトルを取り出してみると、たとえば3＋2という数式と3×2という数式はベクトルの値が異なる。異なる演算が、異なるベクトルの値として表現されているのだ。筆者らはそのベクトルをトランスフォーマーから取り出して、3＋2などの四則演算や(4＋10)/7などの階層的組み合わせを含めた9種類の問題について、ベクトル同士がどの程度類似しているかを調べた。類似度の組み合わせは9×9の行列として表すことができる(図5-3)。

続いて、筆者らは数学問題を解いているときの被験者の脳活動についても同様の類似度を計算した。たとえば3＋2と3×2では脳活動パターンが異なるが、脳活動パターンを数字の列、つまりベクトルとして表すと、トランスフォーマーの場合と同様に類似度を計算できる。脳活動パターンの類似度の組み合わせは、やはり9×9の行列になる。

これら2つの類似度行列を比較することにより、トランスフォーマーの中身がどの程度脳に似ているかを調べることができる。もしトランスフォーマーにおいて足し算と掛け算が

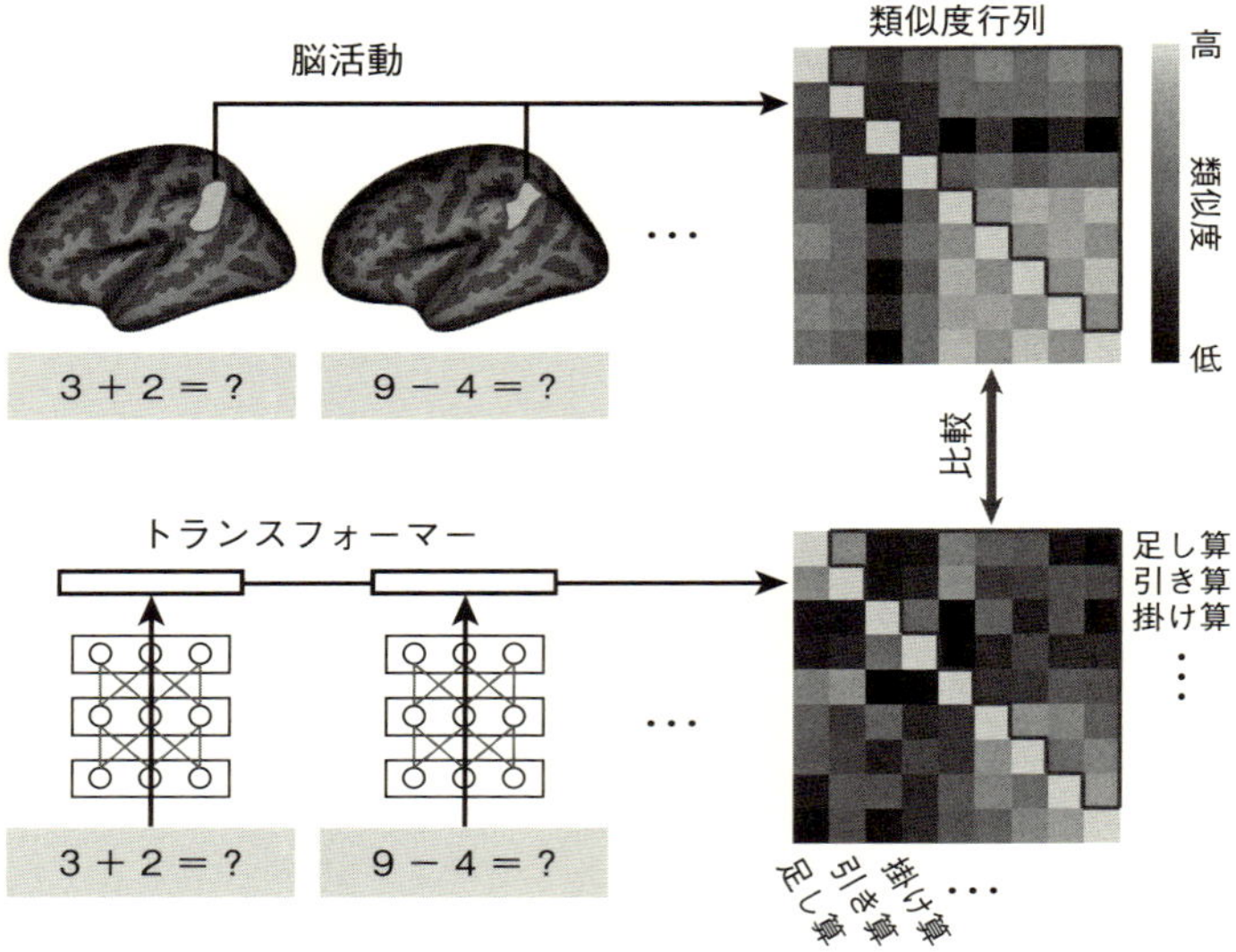

図 5-3　脳と AI モデルの対応関係．上が脳，下がトランスフォーマーに基づく類似度行列（Nakai & Nishimoto 2023 より）

似ているのであれば、やはり脳においても足し算と掛け算は似ているのであろうか？

その結果、トランスフォーマーは他の視覚情報のモデル等と比べて、より脳に類似していることが明らかになった。特にもっとも類似していたのは数量認知に関わるとされる頭頂間溝であった。もともと自然言語処理のために開発されたＡＩモデルが、数式の計算にともなう脳活動をうまく説明することができたのだ。

この研究は、ＡＩモデルが数学的思考を理解するためのツールとして有効であることを示している。実際に他の研究では、畳み込みニューラルネットワークというＡＩモデルの内部でも、サルの脳で見つかったような数量に選択的応答を示す人工神経素子があることが報告されている。ＡＩモデルと脳機能イメージング技術を組み合わせる研究はまだ始まったばかりだが、今後大きく発展する可能性を秘めている。

数学者の脳

ただし、トランスフォーマーに代表されるＡＩモデルにはいまだ限界があるとも言われている。以前よりはるかに性能が良くなっているとはいえ、本書を執筆中の２０２４年時点ではまだ本職の数学者を超える性能には至っていない。

数学者の脳は、一般の人々の脳とは何かが異なっているのであろうか？　そういった数学の天才たちの脳基盤は古くから神経科学者の興味の対象であった。たとえば２０１４年にマックス・プランク研究所のレナーテ・シュヴァイツァーらによる、ドイツの大数学者カール・フリードリヒ・ガウス（１７７７−１８５５）の保存されていた脳をＭＲＩ装置で調べた研究がある。ガウスの脳というと、一般人からかけ離れた構造や大きさをもっていることを期待してしまうかもしれない。しかし実際には、ガウスの脳には特筆すべき解剖学的な特徴はなく、死亡時78歳の高齢男性としては正常な範囲であったという（余談であるが、実はガウスの脳は2014年のこの研究まで、別人の脳と取り違えられていたらしい)。

2016年にフランス国立衛生医学研究所のマリー・アマルリックらは、プロ数学者たち(数学を専門とする研究者および大学教員)を対象として、大学レベル以上の範囲の数学命題に関して、その真偽を判断しているさいの脳活動をfMRIにより計測した。

プロ数学者では、数学命題は非数学的な文章に比べ、両半球の前頭葉と頭頂葉にまたがる広い範囲が強く活動していた。これらの脳領域の中でも、特に頭頂葉はドットパターンなどの数量を見るときに活動する頭頂間溝を含んでいる。実際に、同じプロ数学者の被験者群が単純な引き算をしているときや数字を見ているときにも同じ頭頂間溝が活動し、さらに活動の空間的パターンは数学命題を判断しているときの活動パターンと類似していた。

それに対し、同じ教育レベルであっても高校以来、数学にほとんど触れていない人文科学の専門家たちでは、そのような活動パターンは見られず、数学命題によって活動する脳領域は、無意味な擬似単語を集めた文章を読んでいるときに活動する脳領域と重複していた。プロ数学者以外のヒトにとっては、数学命題は意味不明な単語の羅列にしか見えないのかもしれない。

これらの結果からアマルリックらは、プロ数学者たちが扱う数学の内容も基本的な数認知の脳ネットワークに基づいており、言語能力は本質的な役割を果たしていないと結論づけている。

アマルリックらの発見は、言語能力が数学能力と関連があるという筆者らの主張と矛盾するのであろうか？　必ずしもそうではない。実際に数学を勉強していれば、数式の形や記号の定義は理解できるが、命題全体として何が言いたいのかさっぱりわからない、ということは頻繁に起こるからである。

「数式の意味」は、言語的な意味を超えたところにあるのかもしれない。

6 数学の言語的起源

数学的思考とは何か、その起源はどこにあるのか。これは古来多くの哲学者や数学史家、また数学者自身が考えてきた問いである。この問いが多くの人々を魅了してきたのは、数学がヒトの知性の根幹につながっているからであろう。

数学の心理学や認知神経科学は、それ自体が起源に対する答えを与えてはくれない。しかし、数学史や数学の哲学と相補的な形で、数学の起源を考える強力な材料となる。

最後の章では、数学的思考への科学的アプローチを糸口に、ヒトがどのように数学を作り出し、それがなぜこれほど自然科学で利用されてきたかを考えてみたい。

数学と言語の共通性

これまでの章で、数学的思考に関するさまざまな研究を紹介してきた。それらの結果をまとめてみよう。すると、ヒト固有の数学的思考の多くの部分において、言語能力が鍵を握っていることがわかってくる。

ヒト、サル、カラスなど多くの動物は、数量を大まかに概算する能力をもっている。数量が大きくなるほどその判断は不正確になり、数量の心的表象を釣鐘型の分布で表すと裾野がだんだん広くなっていく。これは数量の心的表象が対数目盛に従っていると考えるとうまく説明できる。ヒトやサルにおいては、脳の頭頂間溝が特定の個数に対して選択的応答を示し、その活動パターンはやはり対数目盛に従っている。

ヒト固有の能力である正確な数え上げには数の言葉が必要である。限られた数の言葉しかもたない言語の話者は数え上げができず、一方、数の言葉を学ぶことにより子供は正確な数え上げができるようになる。数の言葉がなければヒトは4までの個数しか正確に把握できず、それ以上の個数は大まかにしか概算できない。数の言葉をもたない他の動物たちや乳幼児も、4より大きい個数を正確に判断することはできない。

数の言葉は、正確な計算のための土台ともなっている。大きい数の言葉をもたない文化では正確な計算ができない。さらに、計算を素早くおこなうためには、計算結果を意味記憶として暗記する必要がある。計算を習い始めたばかりの子供は数え上げを利用して計算をおこなうが、計算に習熟すると次第に意味記憶に基づいた方法を用いるようになる。

代数方程式のような複雑な数式は、数字や演算記号を文法規則に基づき組み合わせることによって作り出されている。その文法規則は自然言語と同様のメカニズムに基づいており、数式の文法が言語の文法と干渉を起こすことがある。

脳のデータにおいても、計算では数認知に関わる頭頂間溝に加え、言語野の活動が報告されている。特に言語の文法処理に関わるとされる下前頭回は数式の文法的複雑さにともない活動が大きくなり、言語と数学の相互作用もこの領域で生じる。失語症では数学能力にも影響が出る場合が多く、失語症と失算症には共通して下前頭回の損傷が関連している。さらに発達性計算障害をもつ子供は読字障害を併発する場合がある。

これら一連の研究は、それぞれ動物心理学、発達心理学、認知神経科学といった領域で独立に報告されてきたものである。それらは、言葉、意味、文法という異なる側面において、言語能力が我々の数学能力と密接に関わっていることを示している。

数学はパターンの科学

仮にヒトの言語能力が現在の形の数学を生み出したのだとしたら、言語の誕生以前に数学は存在しなかったのであろうか?

そんなことはない。たとえば個数を大まかに概算することや、大まかな足し算を実行することは、我々が扱う正確な計算の萌芽と言えるだろう。さらに、図形の左右対称性を理解したり、直線同士が平行かどうかを理解することは、我々の扱う幾何学の一部をなしている。これらは、自然界に存在する**構造**や**パターン**を認知する能力である。

イギリスの数学者キース・デブリンは、いくつかの著作で「数学はパターンの科学である」という主張を展開している。より幅広い言葉で補えば、「数学は秩序、パターン、構造、および論理的関係性の科学である」という。

数学者が研究するパターンと関係性は、自然界のあらゆるところに生じる。花の対称性のパターン、しばしば複雑な結び目のパターン、天空を通る惑星が描く軌道、豹の斑点《はんてん》のパターン、ある地域住民の投票のパターン、サイコロ遊びやルーレットのランダムな結果が生みだすパターン、文を構成する語の関係性、私たちが音楽として認識する音のパターン。パターンのなかには、たとえば投票パターンのように数値的で、算術であつかえるものもある。しかし数値的ではないものもたくさんある。たとえば結び目のパターンや花の対称性のパターンは、数とはほとんど関係がない。（デブリン／山下篤子 訳『数学する遺伝子』101〜102頁）

数学がパターンの科学であるという主張はそれ以前にもなされている。デブリンは自身のアイデアの源泉として、1988年に数学者リン・スティーンがサイエンス誌に発表した「パターンの科学」というタイトルの論文や、1955年にウォルター・ワーウィック・ソーヤーによって書かれた『数学へのプレリュード』という書籍を挙げている。

数学はパターンの科学である。数学者は数の中に、空間の中に、科学の中に、コンピュータの中に、そして想像力の中にパターンを求める。数学理論はパターン間の関係を説明する。関数や写像、演算子や射は、あるタイプのパターンと別のパターンを結びつけることにより、恒久的な数学的構造を生み出す。応用数学は、これらのパターンを使いながら、パターンに適合する自然現象を「説明」し、予測する。パターンは他のパターンを指し示し、しばしばパターンのパターンを生み出す。（スティーン「パターンの科学」より拙訳）

パターンや構造の定義を与えることはなかなか難しい。数学の哲学を専門とするオハイオ州立大学のスチュワート・シャピロは、「互いにある関係を伴った対象の集まり」を**システム**と定義し、「対象間の相互関係を強調し、システム内の他の対象との関係に影響を及ぼさない特徴をすべて無視することで得られる、システムの抽象的な形式」をパターンあるいは構造と定義している(シャピロ／金子洋之 訳『数学を哲学する』343頁)。

チェスの例で考えてみよう。チェスのパターンで重要なのは駒同士の空間的配置とそれぞれの駒の可能な動きであって、駒の材質という特徴はそのパターンとは何の関係もない。孤立したキングに対してキングと2つのナイトでチェックメイトを迫ることができないという命題は、キングが大理石でできていようがネット上の電子データとして表現されていようが常に成り立つ。

ここで重要なポイントが2点ある。まず(1)パターンは関係性の上に成り立つという点、次に(2)無関係な特徴を捨てても成り立つという点だ。たとえば図形の線対称というパターンは、折り返し線を中心とした左右の図形同士の関係性に関して成り立つ性質であり、左もしくは右の図形だけについて言うことはできない。さらに、図形の色という特徴は線対称の判断に影響しないので無視できる。

数量もこの2つのポイントを満たす。「3」というパターンは、同じ場所に集められた(つまり空間的に近いという関係性の下で)3個の物体に関して成り立つ性質であり、かつ個々の物体の形や大きさという特徴を捨てても成り立つ性質である。

「パターン」や「構造」というと何かとても複雑で抽象的なもののように感じるが、何のことはない。赤ちゃんが認知できる数量や図形も、すべてパターンや構造なのだ。

拡張されたパターン認知

ヒトがもっているパターン認知能力それ自体は非常に原始的なものである。この能力で認知できる原始的なパターンは緩やかな形で現代的な数学的構造に関連しているが、それ自体で数学になるわけではない。もしパターン認知能力だけで数学が作り出せるのであれば、同等もしくはヒト以上のパターン認知能力をもつ動物が方程式を解けるようになっているはずである。そうなっていないのは、パターン認知能力はヒトの言語能力と結びつくことによってはじめて、数学的構造を生み出すことができるからなのだと考えられる。

代数学の概念である群を例として考えてみよう。平面上の幾何学図形の回転操作は、それを組み合わせることで群をなすことが知られている。ある点を中心に図形を左向きに60度回転させる操作をT_1、同様にして120度、180度、240度、300度回転させる操作をそれぞれT_2、T_3、T_4、T_5という記号で表し、さらに全く回転させない操作をT_0という記号で表してみよう。それらの回転操作からなる集合は(適切な演算の定義を与えてやれば)群の条件を満たす。

もちろん群という概念を使わなくとも、我々は図形が回転して一致するかどうかをすぐに判断することができる。これは我々のパターン認知能力のおかげである。

しかし、我々は群の概念を使って、結晶の形や、方程式の解の関係性、果ては親族の婚姻関係を記述することができる。このような、一見全く関係がなさそうな現象に同じ概念を当てはめ、統一的に扱うことができるのも、我々が言語によってパターンを表現することができるからである。幾何学図形の例では、回転という具体的操作を抽象的な記号T_0…T_5に置き換えたからこそ、それが群の定義を満たすかどうかを議論できるのである。

ただし、個別の記号と対象の対応づけだけでは不十分である。記号は、その並び方（記号列）によってさまざまな情報を表現でき、さらに並び方を変えることによってその情報を変化させることができる。

幾何学図形の例で言えば、2つの回転操作を組み合わせる演算記号・と、回転操作の同等性を表す記号＝を導入してやると、$T_2 \cdot T_4 = T_0$という式を表現することができる。これは120度回転させた後に240度回転させると元の位置に戻るということを示す、群の条件の一つである逆元の例である。

このような記号列の文法的性質も言語の特性であり、それなくしては記号同士がどのように結びつくかを議論することはできず、せっかく導入した回転操作の集合が群の定義を満たすかどうかも確認することができない。記号による抽象化に加え、記号列の生成および認知は、数学的構造を表現するためには必要不可欠なのである。

言語能力とパターン認知能力の結びつきは、さらなる副次効果を生み出す。言語によって、ヒトは脳がもともと処理できなかったようなパターンさえも扱うことができるようになるのだ。負の数や虚数に言及するまでもない。ほとんどのヒトは、そもそも5個の物体を明確にイメージすることすらできないのだ。物体の個数が多くなるほど、イメージはより不鮮明になり、細部を把握できなくなっていく。ぜひ自分で試してみてほしい。5個の物体を思い浮かべることができると言っているあなたも、実は3個のイメージと2個のイメージを順番に思い浮かべているだけではないだろうか?

我々が5個を正確に把握することができるのは、「5」という数字や「ご」という数の言葉があるからである。確かに我々は4個以下の個数というパターンを認知する原始的な能力をもっている。しかし我々は言語という道具を用いることで4個という限界を超え、無限に大きな個数のパターンまで数え上げることができるようになった。

確かにヒトのパターン認知能力は数学的構造の根底にある。しかしそれは他の動物のもつ能力と本質的に変わるものではない。ヒト独自の数学は、ヒトがもともともっていたパターン認知能力が言語能力によって拡張されることによって生まれたのだろう。

数学の不条理な有効性

数学が拡張されたパターン認知であるという考えは、「自然科学における数学の不条理な有効性」を説明する鍵になるかもしれない。このフレーズは、物理学者ユージン・ウィグナーが1960年に書いた論文のタイトルであり、数学者や哲学者を含めた多くの議論を巻き起こしてきた。その論文は、ある統計学者と高校時代のクラスメートの逸話から始まっている。

彼は昔のクラスメートに論文の抜粋を見せた。論文はいつものようにガウス分布から始まり、彼は実際の人口、平均人口などの記号の意味を説明した。（中略）「どうしてそんなことがわかるんだ？　それにこの記号は何？」「ああ、これはπ（パイ）だよ」と統計学者は答えた。「それは何？」とクラスメートが聞き返した。「円周と直径の比だよ」。するとクラスメートは「今度は冗談が過ぎるんじゃないか」と言った。「さすがに人口が円周と関係しているわけがないだろう」。（ウィグナー「自然科学における数学の不条理な有効性」より拙訳）

円周率は人類が使う、もっとも古い数学的概念の一つである。古代バビロニアの粘土板やエジプトのパピルスにも円の面積計算に関する記述がある。しかし4000年前の古代バビロニア人も、まさか円周率が現代で人口の分布に利用されたり、数量認知の分布にも利用されることになるとは思っていなかっただろう。

アメリカの物理学者マリオ・リヴィオは2009年の著作『神は数学者か？——数学の不可思議な歴史』の中で、数学の有効性には「能動的な側面」と「受動的な側面」があると指摘している。能動的な側面とは、物理学者などが自然現象の観察を通じて、その背後にある数学的法則を導くような活動を指す。たとえば19世紀の物理学者ジェームズ・クラーク・マクスウェルが、その当時知られていたさまざまな電磁気的現象をわずか4つの方程式で統一的に説明する理論を作り上げたことなどである。

受動的な側面は、能動的な側面よりもはるかに奇妙な現象である。数学者が純粋な好奇心から研究した概念や理論が、数十年や数世紀経ってから物理学などで応用されることがあるのだ。たとえば群論は19世紀初頭にエヴァリスト・ガロアが代数方程式の可解性を判定するために作り上げたものだが、今では物理学をはじめさまざまな領域で利用されている。ウィグナーが例として挙げた円周と人口の関係も、この受動的な側面の例と言えるかもしれない。

数学の不条理な有効性の説明として、数学的真理はヒトが存在する前からずっとこの世界に存在し、数学者はその真理を発見するのだという立場がある。代表的なものは、古代ギリシャの哲学者プラトンにちなんでプラトニズムと呼ばれる考え方だ。我々が住む物質的世界には、幅のない完全な直線や完全な円は存在しない。我々が五感で認識する世界は不完全であり、洞窟に閉じ込められた囚人が見る、壁に投影された影のようなものである。数学的真理は物質的世界とは異なる、永劫不変の世界に存在し、我々の心や経験から独立である。プラトニズムによれば、コロンブスが発見する前からアメリカ大陸が存在していたように、すべての数学的対象や真なる命題は数学者が発見する前から存在していたということになる。

それに対して、数学がヒトの身体や認知機能の構造、さらには文化的慣習に大きく依存した発明であるという主張もある。ジョージ・レイコフとラファエル・ヌーニェスは２０００年の著作『数学の認知科学』の中で明確にプラトニズムを否定し、数学者によって証明された定理が、ヒトやそれ以外の生き物とは独立に、少しでも客観的真理を含んでいるかを知る術はないと述べている。

数学は人間の所産である。数学は人間の生物学的特質という非常に限定され制約された資源を使用しており、人間の脳、身体、概念システム、人間社会と文化の関心によって

象《かたど》られている。（レイコフ、ヌーニェス／植野義明、重光由加 訳『数学の認知科学』458〜459頁）

数学が拡張されたパターン認知であるという考え方は、「発見」と「発明」の中間的な立場と言える。数学的構造の土台にあるパターン認知能力は自然界にもともと存在するパターンを発見できるが、記憶容量などの認知的な制約があるために、パターン認知能力の有効性にも限界がある。ヒトは言語を利用することでさまざまな数学的対象や理論を発明した。この発明により、ヒトのパターン認知能力は認知的な制約を超えて拡張されることになったのだ。

数量認知をはじめとするパターン認知能力を進化の系統でみても幅広い動物が共通してもつことは、パターン認知能力をもつことが動物の生存に有利であった可能性を示唆している。しかもそれは比較的最近枝分かれした哺乳類同士だけではなく、進化の系統樹で離れている魚類や、さらにアリやハチなどの無脊椎動物も同様のパターン認知能力をもっているのである。

動物が認知するパターンは、環境に実際に存在するパターンや構造をある程度反映しているに違いない。周囲にあるパターンの違いをうまく区別できないような個体は淘汰されていくだろうからである。たとえば2個と3個の果物の数量の違いがわかる個体の方が、その違いがわからない個体よりも多くの食物を摂取できるだろう。また2匹と3匹の捕食者の数量の違いを区別できる個体の方が、捕食者から逃げ延びることができる可能性が高い。

数学が自然界のパターンを記述するさいに不条理な有効性を示すのは、その根底にあるパターン認知能力が、自然界のパターンと部分的に一致した情報を我々に与えてくれるからということになる。

当然ながら、筆者の主張にも多くの欠点がある。まず、土台となるパターン認知が自然界のパターンをうまく捉えているとしても、それを言語で拡張したものがそのまま自然界のパターンを捉えられる保証はない。4個までのパターンが脳内で表象されていたとしても、数の言葉を利用して拡張した「5」が自然界の5個というパターンと対応するかどうかはわからない。実際に、第2章でも触れた通り、小学校低学年の子供は、0と1000の間に与えられた数字を置く数字-位置課題において、250を中央よりも1000に近い位置に置いていた。これは実際の自然界のパターンと対応していない。

さらに、すべての数学的構造が自然界のパターンと対応するわけではないという点にも注意が必要である。ウィグナーやリヴィオらの挙げている例はあくまで数学の一部の話であって、数学者が生み出した理論がすべて物理学や生物学に応用されているわけではない。つまり、パターン認知の拡張には自然界のパターンに寄り添ったものと、そうでないものがあるということである。言語がどのような形で我々のパターン認知を拡張していくかという点には、まだ多くの説明すべき課題が残されている。

数学的才能はどこにあるのか?

本書で主に扱ってきた内容は、一般のヒトにとっての数学である。第5章で紹介したアマルリックやシュヴァイツァーらの研究を除けば、数学の認知神経科学においてプロ数学者が登場することはほとんどない。さらに、大部分の研究は基礎的な数量や図形の認知、足し算や引き算を対象としており、代数や微分積分の認知基盤の研究は少ない。なお、日本では「数学」というと主に中学校以降の科目を指すが、認知神経科学や心理学において、「数学」という用語は小学校の算数や数え上げなど、ヒトの数量や図形に関する基礎的な活動をすべて含んでいる。

プロ数学者や複雑な数学を対象とした研究が少ないのには、大きく分けて3つの理由がある。一つ目は、認知神経科学や心理学の実験には数十人から数百人規模の被験者が必要であり、プロ数学者をそれだけ集めるのは難しいということである。

二つ目は、複雑な数学の問題は解答するまでに時間がかかり、同じ実験課題に対して数十回のデータを取ることが難しいということである。特に一瞬のひらめきのような現象は、数十回も同じ試行を重ねて再現性を取ることは不可能である。また、ｆＭＲＩに代表される脳機能イメージング技術は、数秒以内の脳活動でないと解析することが難しい。長時間の思考のうち、どのタイミングで特定の推論をおこなったかを特定することができないからである。

三つ目の理由として、研究者自身が複雑な数学に興味がないということもあるかもしれない。特に発達心理学の研究者にとっては、やはり目につくのは小学校段階の算数でつまずく子供たちであり、研究成果の社会的意義という点から考えても、初等的な算数に苦手意識をもつ子供たちを支援する研究の方が、一般の理解を得やすく、また予算を取りやすい。

こういった事情があるため、複雑な数学的思考や数学的才能に関する研究はいまだ十分に進んでいない。しかしおそらく、数学的才能や数学者の直観は、拡張されたパターン認知という枠組みを超えたところにあるだろう。

パターン認知能力には個人差があるが、マジカルナンバーである４個を超えて、はるかに多くの数量を正確に把握できる人がいる。映画「レインマン」で自閉症者である兄・レイモンドが、床にばらばらに落ちた爪楊枝を一瞬で２４６個と正確に言い当てるシーンが有名であるが、一部の自閉症者は周囲のパターンに対して強い執着をもつことが知られている。

ケンブリッジ大学のサイモン・バロン＝コーエンは２０２０年の著作『ザ・パターン・シーカー――自閉症がいかに人類の発明を促したか』の中で、このような過度なパターン選好性が自閉症の中核的な症状であるとともに、数学やさまざまな技術の起源にもなっていると主張している。たとえば、トーマス・アルヴァ・エジソンは子供のときに他人と社会的関係を保つことに苦労したが、一方で自然界のパターンやシステムを観察することに強い執着を抱き、のちに偉大な発明家となった。バロン＝コーエンによれば、言語は数学的才能にとって重要ではなく、パターン認知の方がむしろ重要ということになる。

また、インドの数学者シュリニヴァーサ・ラマヌジャンのような特殊な数学的天才がいたことは、高度な数学的思考が言語による説明や証明の枠に収まりきらないことを示唆している。ラマヌジャンは正規の数学教育を受けていなかったが、独自に当時ヨーロッパで発見されていた定理や新しい公式を導いていた。しかし、ラマヌジャンは公式に厳密な証明を与えるということを知らず、新しい公式を見つけた理由を「夢の中でナーマギリ女神が教えてくれた」と説明していた逸話は有名である。

数学者自身が書いたエッセイの中でも、数学的思考と論理や言語は別物であるという意見は多く見られる。日本の数学者・岡潔は、自身は情緒を数学という形式に表現していると述べ、「計算や論理は数学の本体ではない」とも書いている（『春宵十話』67頁）。

数学的思考は多様で広大であり、小学生の数え上げも数学であるし、天才数学者の直観も数学である。数学の認知神経科学が研究してきたのはそのごく一部だけだ。しかし、数学的思考への科学的アプローチは、数学史や数学者たちの自伝からこぼれ落ちているような、「我々ヒトにとって数学とは何か」という問いを考えるための手助けとなるだろう。

おわりに

数学の心理学や認知神経科学は、日本ではあまり知られていない研究分野である。国際会議に参加しても日本人と会うことはほとんどなく、論文で日本人の名前を見かけることも少ない。

これはなかなか不思議な話だ。町の本屋を覗いてみれば、数学史や一般向けの数学関連書籍が山ほど見つかる。「数学のノーベル賞」と呼ばれるフィールズ賞も日本人はこれまで3名受賞しているし、「ポアンカレ予想」のような未解決問題が証明されたという話題はテレビでも取り上げられる。そう、日本人は数学が大好きなのだ。しかしなぜか誰も数学をしているときの脳のメカニズムの研究をしないのである。

本書は、そのような現状に対して一石を投じるつもりで書いた。なるべく重要な研究を取り上げたつもりであるが、同時に筆者の専門である言語と数学の関連性に焦点を当てるため、割愛した部分も多い。それでも、本書を通して数学への科学的アプローチに興味をもつ読者が増えてくれれば幸いである。

もっと数学の心理学・認知神経科学を知りたいという読者のために、日本語で読める文献をいくつか紹介しておきたい。スタニスラス・ドゥアンヌ著『数覚とは何か?――心が数を創り、操る仕組み』は、1996年にフランス語の原著が書かれた古典的な著作であるが、数学の認知神経科学の広範なテーマを扱っており、いまだに色褪せていない。2011年に出た英語改訂版の邦訳も2024年に出版されている。著者のドゥアンヌは今でも世界を牽引するトップ研究者であり、彼の数認知に関する深い造詣を知ることができる。

ブライアン・バターワース著『魚は数をかぞえられるか?――生きものたちが教えてくれる「数学脳」の仕組みと進化』はさまざまな動物のもつ数認知能力を紹介する著作であり、自然界において数量という情報が広く利用されていることを教えてくれる。ただしバターワースは前出のドゥアンヌとは数認知の神経メカニズムに関して異なる理論的立場を取っているため、結果の解釈には注意する必要がある。

ケイレブ・エヴェレット著『数の発明――私たちは数をつくり、数につくられた』は、文化人類学や言語学の立場からさまざまな文化における数の言葉や慣習を紹介した著作であり、本書の第2章で紹介したムンドゥルク族以外の多くの文化における数概念の例を知ることができる。

また本書で議論した「数学は拡張されたパターン認知である」という考えは、第6章で紹介したもの以外にも、いくつかの著作の中に類似した議論を見つけることができる。たとえばソーンダース・マックレーン著『数学――その形式と機能』や森田真生著『数学する身体』も、数学の認知的起源を考える上で参考になる著作である。

本書の執筆を通して、多くの方々に協力していただいた。岩波書店の濱門麻美子さんには、何度も丁寧に原稿を読んでいただき、辛抱強く執筆をサポートしていただいた。西郷甲矢人さんと甲斐亘さんには数学者としての視点から、松本大貴さんからは言語学者としての視点から、西本伸志さんには神経科学者としての視点から、それぞれ大変有益なコメントをいただいた。この場を借りて厚くお礼を申し上げる。

最後に、本書で紹介した筆者の研究は、才気あふれる同僚や先輩方、快く実験に参加してくれた被験者の方々がいなければ生み出すことはできなかった。また、変わらず筆者を支えてくれる日本とフランスの家族、かけがえのない安らぎと力を与えてくれる妻と娘の存在がなければ本書を書き進めることはできなかった。改めて感謝の気持ちを伝えたい。

中井智也

２０２４年12月　フランスの田舎町にて

参考文献

第1章　概算する脳

Abramson, J. Z., Hernández-Lloreda, V., Call, J., & Colmenares, F. (2013). Relative quantity judgments in the beluga whale (*Delphinapterus leucas*) and the bottlenose dolphin (*Tursiops truncatus*). *Behavioural Processes*, **96**, 11–19.

Harvey, B. M., Klein, B. P., Petridou, N., & Dumoulin, S. O. (2013). Topographic representation of numerosity in the human parietal cortex. *Science*, **341**(6150), 1123–1126.

He, L., Zhou, K., Zhou, T., He, S., & Chen, L. (2015). Topology-defined units in numerosity perception. *Proceedings of the National Academy of Sciences*, **112**(41), E5647–E5655.

Izard, V., Sann, C., Spelke, E. S., & Streri, A. (2009). Newborn infants perceive abstract numbers. *Proceedings of the National Academy of Sciences*, **106**(25), 10382–10385.

Kaufman, E. L., Lord, M. W., Reese, T. W., & Volkmann, J. (1949). The discrimination of visual number. *The American Journal of Psychology*, **62**(4), 498–525.

Kutter, E. F., Bostroem, J., Elger, C. E., Mormann, F., & Nieder, A. (2018). Single neurons in the human brain encode numbers. *Neuron*, **100**(3), 753–761.

Nieder, A., Freedman, D. J., & Miller, E. K. (2002). Representation of the quantity of visual items in the primate prefrontal cortex. *Science*, **297**(5587), 1708–1711.

Nieder, A. (2020). The adaptive value of numerical competence. *Trends in Ecology & Evolution*, **35**(7), 605–617.

Petrie, M., & Halliday, T. (1994). Experimental and natural changes in the peacock's (*Pavo cristatus*) train can affect mating success. *Behavioral Ecology and Sociobiology*, **35**, 213–217.

Piazza, M., Izard, V., Pinel, P., Le Bihan, D., & Dehaene, S. (2004). Tuning curves for approximate numerosity in the human intraparietal sulcus. *Neuron*, **44**(3), 547–555.

Sawamura, H., Shima, K., & Tanji, J. (2002). Numerical representation for action in the parietal cortex of the monkey. *Nature*, **415**(6874), 918–922.

Starkey, P., & Cooper, Jr., R. G. (1980). Perception of numbers by human infants. *Science*, **210**(4473), 1033–1035.

Trick, L. M., & Pylyshyn, Z. W. (1994). Why are small and large numbers enumerated differently? A limited-capacity preattentive stage in vision. *Psychological Review*, **101**(1), 80–102.

Xu, F., & Spelke, E. S. (2000). Large number discrimination in 6-month-old infants. *Cognition*, **74**(1), B1–B11.

第２章　数字という発明

Cowan, N. (2001). The magical number 4 in short-term memory: A reconsideration of mental storage capacity. *Behavioral and Brain Sciences*, **24**(1), 87–114.

Daitch, A. L., Foster, B. L., Schrouff, J., Rangarajan, V., Kaşikçi, I., Gattas, S., & Parvizi, J. (2016). Mapping human temporal and parietal neuronal population activity and functional coupling during mathematical cognition. *Proceedings of the National Academy of Sciences*, **113**(46), E7277–E7286.

Eger, E., Sterzer, P., Russ, M. O., Giraud, A. L., & Kleinschmidt, A. (2003). A supramodal number representation in human intraparietal cortex. *Neuron*, **37**(4), 719–725.

Gelman, R., & Gallistel, C. R. (1978). *The Child's Understanding of Number*. Harvard University Press. (R. ゲルマン，C. R. ガリステル／小林芳郎，中島実 訳『数の発達心理学――子どもの数の理解』田研出版，1989 年)

Miller, G. A. (1956). The magical number seven, plus or minus two: Some limits on our capacity for processing information. *Psychological Review*, **63**(2), 81–97.

Nakai, T., Girard, C., Longo, L., Chesnokova, H., & Prado, J. (2023). Cortical representations of numbers and nonsymbolic quantities expand and segregate in children from 5 to 8 years of age. *PLoS Biology*, **21**(1), e3001935.

Piazza, M., Fumarola, A., Chinello, A., & Melcher, D. (2011). Subitizing reflects visuo-spatial object individuation capacity. *Cognition*, **121**(1), 147–153.

Pica, P., Lemer, C., Izard, V., & Dehaene, S. (2004). Exact and approximate arithmetic in an Amazonian indigene group. *Science*, **306**(5695), 499–503.

Shum, J., Hermes, D., Foster, B. L., Dastjerdi, M., Rangarajan, V., Winawer, J., Miller, K. J., & Parvizi, J. (2013). A brain area for visual numerals. *Journal of Neuroscience*, **33**(16), 6709–6715.

Siegler, R. S., & Opfer, J. E. (2003). The development of numerical estimation: Evidence for multiple representations of numerical quantity. *Psychological Science*, **14**(3), 237–243.

Wynn, K. (1990). Children's understanding of counting. *Cognition*, **36**(2), 155–193.

第 3 章　数と空間の結びつき

de Hevia, M. D., Veggiotti, L., Streri, A., & Bonn, C. D. (2017). At birth, humans associate "few" with left and "many" with right. *Current Biology*, **27**(24), 3879–3884.

Dehaene, S., Bossini, S., & Giraux, P. (1993). The mental representation of parity and number magnitude. *Journal of Experimental Psychology: General*, **122**(3), 371–396.

Felisatti, A., Laubrock, J., Shaki, S., & Fischer, M. H. (2020). A biological foundation for spatial-numerical associations: the brain's asymmetric frequency tuning. *Annals of the New York Academy of Sciences*, **1477**(1), 44–53.

Knops, A., Thirion, B., Hubbard, E. M., Michel, V., & Dehaene, S. (2009). Recruitment of an area involved in eye movements during mental arithmetic. *Science*, **324**(5934), 1583–1585.

Mathieu, R., Gourjon, A., Couderc, A., Thevenot, C., & Prado, J. (2016). Running the number line: Rapid shifts of attention in single-digit arithmetic. *Cognition*, **146**, 229–239.

Mathieu, R., Epinat-Duclos, J., Sigovan, M., Breton, A., Cheylus, A., Fayol, M., Thevenot, C., & Prado, J. (2018). What's behind a "+" sign? Perceiving an arithmetic operator recruits brain circuits for spatial orienting. *Cerebral Cortex*, **28**(5), 1673–1684.

Rugani, R., Vallortigara, G., Priftis, K., & Regolin, L. (2015). Number-space mapping in the newborn chick resembles humans' mental number line. *Science*, **347**(6221), 534–536.

Sasaki, Y., Vanduffel, W., Knutsen, T., Tyler, C., & Tootell, R. (2005). Symmetry activates extrastriate visual cortex in human and nonhuman primates. *Proceedings of the National Academy of Sciences*, **102**(8), 3159–3163.

Wang, L., Amalric, M., Fang, W., Jiang, X., Pallier, C., Figueira, S., Sigman, M., & Dehaene, S. (2019). Representation of spatial sequences using nested rules in human prefrontal cortex. *NeuroImage*, **186**, 245–255.

第4章 計算する脳

Baldo, J. V., & Dronkers, N. F. (2007). Neural correlates of arithmetic and language comprehension: A common substrate? *Neuropsychologia*, **45**(2), 229–235.

Butterworth, B., & Kovas, Y. (2013). Understanding neurocognitive developmental disorders can improve education for all. *Science*, **340**(6130), 300–305.

Cantlon, J. F., & Brannon, E. M. (2007). How much does number matter to a monkey (*Macaca mulatta*)? *Journal of Experimental Psychology: Animal Behavior Processes*, **33**(1), 32–41.

Dehaene, S., & Cohen, L. (1997). Cerebral pathways for calculation: Double dissociation between rote verbal and quantitative knowledge of arithmetic. *Cortex*, **33**(2), 219–250.

Istomina, A., & Arsalidou, M. (2024). Add, subtract and multiply: Meta-analyses of brain correlates of arithmetic operations in children and adults. *Developmental Cognitive Neuroscience*, **69**, 101419.

Landerl, K., Fussenegger, B., Moll, K., & Willburger, E. (2009). Dyslexia and dyscalculia: Two learning disorders with different cognitive profiles. *Journal of Experimental Child Psychology*, **103**(3), 309–324.

Nakai, T., & Okanoya, K. (2020). Cortical collateralization induced by language and arithmetic in non-right-handers. *Cortex*, **124**, 154–166.

Peters, L., Bulthé, J., Daniels, N., de Beeck, H. O., & De Smedt, B. (2018). Dyscalculia and dyslexia: Different behavioral, yet similar brain activity profiles during arithmetic. *NeuroImage: Clinical*, **18**, 663–674.

Prado, J., Mutreja, R., Zhang, H., Mehta, R., Desroches, A. S., Minas, J. E., & Booth, J. R. (2011). Distinct representations of subtraction and multiplication in the neural systems for numerosity and language. *Human Brain*

Mapping, **32**(11), 1932–1947.

Qin, S., Cho, S., Chen, T., Rosenberg-Lee, M., Geary, D. C., & Menon, V. (2014). Hippocampal-neocortical functional reorganization underlies children's cognitive development. *Nature Neuroscience*, **17**(9), 1263–1269.

Wynn, K. (1992). Addition and subtraction by human infants. *Nature*, **358**(6389), 749–750.

文部科学省(2022). 通常の学級に在籍する特別な教育的支援を必要とする児童生徒に関する調査結果について(令和 4 年 12 月 13 日).

第 5 章　数式を生み出す文法構造

Amalric, M., & Dehaene, S. (2016). Origins of the brain networks for advanced mathematics in expert mathematicians. *Proceedings of the National Academy of Sciences*, **113**(18), 4909–4917.

Matsumoto, D., & Nakai, T. (2023). Syntactic theory of mathematical expressions. *Cognitive Psychology*, **146**, 101606.

Nakai, T., & Sakai, K. L. (2014). Neural mechanisms underlying the computation of hierarchical tree structures in mathematics. *PloS ONE*, **9**(11), e111439.

Nakai, T., & Okanoya, K. (2018). Neural evidence of cross-domain structural interaction between language and arithmetic. *Scientific Reports*, **8**(1), 12873.

Nakai, T., & Nishimoto, S. (2023). Artificial neural network modelling of the neural population code underlying mathematical operations. *NeuroImage*, **270**, 119980.

Scheepers, C., Sturt, P., Martin, C. J., Myachykov, A., Teevan, K., & Viskupova, I. (2011). Structural priming across cognitive domains: From simple arithmetic to relative-clause attachment. *Psychological Science*, **22**(10), 1319–1326.

Schweizer, R., Wittmann, A., & Frahm, J. (2014). A rare anatomical variation newly identifies the brains of C. F. Gauss and C. H. Fuchs in a collection at the University of Göttingen. *Brain*, **137**(4), e269.

Vaswani, A., Shazeer, N., Parmar, N., Uszkoreit, J., Jones, L., Gomez, A. N., Kaiser, Ł. & Polosukhin, I. (2017). Attention is all you need. *Advances in Neural Information Processing Systems*, **30**, Curran Associates.

第6章　数学の言語的起源

Baron-Cohen, S. (2020). *The pattern seekers: How autism drives human invention*. Basic Books.（サイモン・バロン=コーエン／岡本卓，和田秀樹 監訳，篠田里佐 訳『ザ・パターン・シーカー——自閉症がいかに人類の発明を促したか』化学同人，2022年）

Devlin, K. (2000). *The math gene: How mathematical thinking evolved and why numbers are like gossip*. Basic Books.（キース・デブリン／山下篤子 訳『数学する遺伝子——あなたが数を使いこなし，論理的に考えられるわけ』早川書房，2007年）

Lakoff, G., & Núñez, R. E. (2000). *Where mathematics comes from: How the embodied mind brings mathematics into being*. Basic Books.（G. レイコフ，R. ヌーニェス／植野義明，重光由加 訳『数学の認知科学』丸善出版，2012年）

Livio, M. (2009). *Is God a mathematician?* Simon & Schuster.（マリオ・リヴィオ／千葉敏生 訳『神は数学者か？——数学の不可思議な歴史』早川書房，2011年／ハヤカワ文庫NF，2017年）

Sawyer, W. W. (1955). *Prelude to mathematics*. Penguin Books.（W. W. ソーヤー／宮本敏雄，田中勇 訳『数学へのプレリュード』みすず書房，1978年）

Shapiro, S. (2000). *Thinking about mathematics: The philosophy of mathematics*. Oxford University Press.（スチュワート・シャピロ／金子洋之 訳『数学を哲学する』筑摩書房，2012年）

Steen, L. A. (1988). The science of patterns. *Science*, **240**(4852), 611–616.

Wigner, E. P. (1960). The unreasonable effectiveness of mathematics in the natural sciences: Richard Courant lecture in mathematical sciences delivered at New York University, May 11, 1959. *Communications on Pure and Applied Mathematics*, **13**(1), 1–14.

岡潔(2014).『春宵十話』角川ソフィア文庫.

おわりに

Butterworth, B. (2022). *Can fish count?: What animals reveal about our uniquely mathematical minds*. Basic Books.（ブライアン・バターワース／長澤あかね 訳『魚は数をかぞえられるか？——生きものたちが教えてくれる「数学脳」の仕組みと進化』講談社，2022年）

Dehaene, S.（2011）. *The number sense: How the mind creates mathematics*, Revised and updated edition. Oxford University Press.（スタニスラス・ドゥアンヌ／長谷川眞理子，小林哲生 訳『数覚とは何か？〔新版〕――心が数を創り，操る仕組み』ハヤカワ文庫 NF，2024 年）
Everett, C.（2017）. *Numbers and the making of us: Counting and the course of human cultures*. Harvard University Press.（ケイレブ・エヴェレット／屋代通子 訳『数の発明――私たちは数をつくり，数につくられた』みすず書房，2021 年）
Mac Lane, S.（1986）. *Mathematics Form and Function*. Springer-Verlag.（ソーンダース・マックレーン／彌永昌吉 監修，赤尾和男，岡本周一 訳『数学――その形式と機能』森北出版，1992 年）
森田真生（2015）.『数学する身体』新潮社，2015 年／新潮文庫，2018 年.

中井智也
1987年生まれ．東京大学教養学部卒業，同大学院総合文化研究科博士課程修了．博士(学術)．
情報通信研究機構，フランス国立衛生医学研究所(マリー・キュリーフェロー)を経て，2023年より株式会社アラヤ研究開発部チーフリサーチャー．2024年よりJST創発研究者．パリ・シテ大学において欧州研究会議のプロジェクトも主導している．
専門は数学の発達心理学・認知神経科学，および計算論的神経科学．

岩波科学ライブラリー 332
数学を生み出す脳

2025年4月16日 第1刷発行

著 者 中井智也《なかいともや》

発行者 坂本政謙

発行所 株式会社 岩波書店
〒101-8002 東京都千代田区一ツ橋2-5-5
電話案内 03-5210-4000
https://www.iwanami.co.jp/

印刷製本・法令印刷 カバー・半七印刷

ISBN 978-4-00-029732-5 Printed in Japan

●岩波科学ライブラリー〈既刊書〉

297 **医療倫理超入門**

マイケル・ダン、トニー・ホープ　訳児玉 聡、赤林 朗

定価一八七〇円

医療やケアに関する難しい決定を迫られる場面が増えている。医療資源の配分や安楽死の問題、認知症患者のどの時点での意思を尊重すべきか…。事例を交え医療倫理の考え方の要点を説明する。『〈1冊でわかる〉医療倫理』の改訂第二版。

298 **電柱鳥類学**

スズメはどこに止まってる?

三上 修

定価一四三〇円

電柱といえば鳥、電線といえば鳥。でも、そこで何をしているの？　カラスは「はじっこ派」？　感電しないのはなぜ？――あなたの街にもきっとある、鳥と電柱、そして人のささやかなつながりを、第一人者が描き出す。

299 **脳の大統一理論**

自由エネルギー原理とはなにか

乾 敏郎、阪口 豊

定価一五四〇円

脳は推論するシステムだ！　神経科学者フリストンは、「自由エネルギー原理」によって知覚、認知、運動、思考、意識など脳の多様な機能を統一的に説明する理論を提唱した。注目の理論を解説した初の入門書。

300 **あなたはこうしてウソをつく**

阿部修士

定価一四三〇円

なぜウソをつく？　ウソを見抜く方法はある？　ウソをつきやすい人はいる？　ウソをつきやすい状況は？　ウソをつくとき脳で何が起きている？　人は元来ウソつきなのか、正直なのか？　心理学と神経科学の最新知見を紹介。

301 **次なるパンデミックを回避せよ**

環境破壊と新興感染症

井田徹治

定価一四三〇円

人間が引き起こしてきた環境問題が、近年加速している動物由来感染症のパンデミックの背景にある。その関連性を、著者自身のルポや最新の研究報告、識者の発言を交えて解き明かし、正しい未来を作り直す術を提言する。

302 子どもの算数、なんでそうなる？
谷口 隆
定価一五四〇円
子どもの突拍子もない発想や間違いの奥には何があるのだろう。数学者である父親が、わが子と算数を考えることを楽しみながら、子どもの頭の中で何が起きたのかを推理する。学びとは何かを深く問いかけるエッセイ。

303 深層学習の原理に迫る
数学の挑戦
今泉允聡
定価一三二〇円
第三次人工知能ブームの中核的役割を果たす深層学習は、様々な領域に応用される一方、「なぜ優れた性能を発揮するのか」ということは分かっていない。深層学習の原理を数学的に解明するという難題に、気鋭の研究者が挑む。

304 名随筆で学ぶ英語表現
寺田寅彦 in English
トム・ガリー、松下 貢
定価一四三〇円
現代的視点をもって、数多くの名随筆をうみだした物理学者・寺田寅彦。「茶碗の湯」など五編が英文となってうまれかわる。熟語、構文から科学的読み解きまで、充実した解説で科学の心と自然な英語表現が身につく。

305 抽象数学の手ざわり
ピタゴラスの定理から圏論まで
斎藤 毅
定価一四三〇円
ピタゴラスの定理や素因数分解といったなじみ深い数学を題材に、現代数学のキーワード「局所と大域」『集合と構造』『圏』『線形代数」などを解説。紙と鉛筆をもって体験すれば、現代数学の考え方がみえてくる。

306 カイメン すてきなスカスカ
椿 玲未
定価一七六〇円
どこを切ってもスッカスカ！ 動物？ 植物？ そもそも生物？ そんな存在感のないカイメンが、じつは生態系を牛耳る黒幕だった⁉ サンゴ礁の豊かな海も彼らなしには成り立たない。ジミにすごいその正体は？ 【カラー頁多数】

定価は消費税一〇％込です。二〇二五年四月現在

●岩波科学ライブラリー〈既刊書〉

307 有田正規
学術出版の来た道
定価一六五〇円

学術出版は三五〇年を超える歴史を経て、特殊な評価・価値体系を形成してきた。その結果として生じている学術誌の価格高騰や乱立、オープンアクセス運動、ランキング至上主義といった構造的な問題を解き明かす。

308 土谷尚嗣
クオリアはどこからくるのか?
統合情報理論のその先へ
定価一五四〇円

これまでの研究における発展と限界、有望視されている統合情報理論、そして著者が取り組んでいるクオリア(意識の中身)を特徴づける研究アプローチを解説。意識研究の面白さ、研究者が抱いている興奮を伝える。

309 谷口忠大
僕とアリスの夏物語 人工知能の、その先へ
定価一七六〇円

突然現れた謎の少女アリス。赤ちゃんのように何も知らなかったが、主人公・悠翔たちから多くを学んでいく。しかしある日……!? AIと共存する未来とは。「発達する知能」はどう実現されるのか。小説と解説の合わせ技で迫る!

310 福島健児
食虫植物
進化の迷宮をゆく
定価一九八〇円

植物なのに肉食なんて! この特殊能力のわりにマイナーなのはなぜか。ベジタリアンもいるの? 妙な形や「胃腸」はどこから? 気鋭の研究者の道案内で、その妖しい魅力に心ゆくまで囚われよう。【カラー口絵16頁】

311 砂川玄志郎
人類冬眠計画
生死のはざまに踏み込む
定価一三二〇円

人々の間でイメージが出来上がっているが、いまだ技術として確立していない人工冬眠。実現に向けてブレイクスルーとなりうる成果に携わった研究者が、自身の体験や想いを交えながら「人類冬眠計画」を披露する。

312 ことばと算数 その間違いにはワケがある
広瀬友紀
定価一四三〇円
「かける数とかけられる数、どっちがどっち？」「マイナスのマイナスは…とってもマイナス？」混乱する原因は、ことばのしくみにあることも。言語学者が小学生の間違いをもとに、意外に深いことばと算数の関係にせまる。

313 ヒトデとクモヒトデ 謎の☆形動物
藤田敏彦
定価一七六〇円
なんなの、あの形？ ひっくり返ったらどうする？ あの体で子育てもするの…⁉ ☆の体で生きるとは、どういうことなのか。あの形はどこからきたのか。海の☆たちのディープな世界に、いざ、ずぶずぶとはまろう。【カラー版】

314 「死んだふり」で生きのびる 生き物たちの奇妙な戦略
宮竹貴久
定価一四三〇円
動きを止めて、奇妙なポーズで「死んだふり」。本当に生きのびやすくなるの？ する・しないを決める要因とは？ 将来、医療に死んだふりが役立つ⁉ 奇妙な行動戦略を深く掘り下げる、国内初の死んだふり入門書。

315 環境ＤＮＡ入門 ただよう遺伝子は何を語るか
源 利文
定価一三二〇円
生きものたちが「そこにいた」痕跡、環境ＤＮＡは、生物研究の新たな扉を開きつつある。海の水からそこにすむ魚がわかり、葉っぱのはみ跡から「犯人」がわかる……⁉ 第一人者が、その驚くべき可能性を臨場感たっぷりに語る。

316 あつまる細胞 体づくりの謎
竹市雅俊
定価一八七〇円
細胞は、自発的に「あつまって」私たちの体をつくる。いったんバラバラにしても、また集まる。なぜ……⁉ 素朴な疑問から、細胞間接着分子カドヘリンの発見、そしてさらなる謎解きの旅路をたどり、発生の妙へと読者をいざなう。

定価は消費税一〇％込です。二〇二五年四月現在

●岩波科学ライブラリー〈既刊書〉

317 羽馬哲也
宇宙の化学
プリズムで読み解く物質進化
定価一七六〇円

太古から人々は、虹という現象を介して太陽光が波長によって分かれる様子を目撃していた。この古くから知られる「分光」が、宇宙の物質進化を解明する鍵となる。さまざまな分野と結びついて発展してきた宇宙の化学の物語。

318 仲谷正史、山田真司、近藤洋史
脳がゾクゾクする不思議
ASMRを科学する
定価一五四〇円

ゾクゾク……、ゾワゾワ……、ウズウズ……。このような言葉で形容される感覚・反応であるASMR。謎に包まれたこの生理現象を科学的に解明することはできるのか？ 3人の研究者がそれぞれの専門領域から掘り下げる。

319 岡野原大輔
大規模言語モデルは新たな知能か
ChatGPTが変えた世界
定価一五四〇円

ChatGPTを支える大規模言語モデルとはどのような仕組みなのか。何が可能となり、どんな影響が考えられるのか。人の言語獲得の謎も解き明かすのか。新たな知能の正負両面をみつめ、今後の付き合い方を考える。

320 佐藤太裕
竹取工学物語
土木工学者、植物にものづくりを学ぶ
定価一五四〇円

適度に硬く、しなやか。中空円筒構造。驚異の成長力。特異な生態、形状や性質ゆえに古くから日本人の生活に溶け込んできた竹は、時に厄介者扱いも受ける。そんな竹に魅せられ、種々の植物に工学の視点で挑む研究者の物語。

321 山内一也
インフルエンザウイルスを発見した日本人
定価一五四〇円

1918年から流行したインフルエンザの病原体は細菌よりも小さなウイルスだと示した論文が、当時の日本から発表されていた。黄金期のパスツール研究所に連なる病原体の狩人たちの事績と人生をたどる、医学探究のドラマ。

322
暗い夜空のパラドックスから宇宙を見る
谷口義明

定価一五四〇円

無限に広い宇宙に無限個の星が一様に分布していたら……、夜空は明るく輝くはずが実際は暗い。太陽が没しても星は輝くから理由は他にある。宇宙も星の数も有限だから？　宇宙膨張のせい？　意外なわけを、その手で確かめよう。

323
流体力学超入門
エリック・ラウガ　訳 石本健太

定価一八七〇円

水や空気はどのように流れるのか。その運動をいかに制御するか。粘性、渦、乱流、レイノルズ数などの重要な概念を高校数学レベルで解説。物理的なアイデアに焦点をあてて、現代的な視点で書かれた本格的入門書。

324
「はやぶさ2」は何を持ち帰ったのか
リュウグウの石の声を聴く
橘 省吾

定価一六五〇円

小惑星探査機「はやぶさ2」が持ち帰ったリュウグウの石は様々なことを語る。リュウグウと太陽系の歴史。海や生命の材料のありか。持ち帰られた試料の初期分析を統括した著者が、試料分析の成果を語る。

325
生命はゲルでできている
長田義仁

定価一五四〇円

ゼリーや豆腐など、水を含んでブヨブヨ、プルプルしているのはみんなゲル。私たちのカラダの大部分はゲルでできている。生命活動に不可欠なしなやかさを備えるばかりか、物質・エネルギーの輸送も担うゲルのしくみとは。

326
植物園へようこそ
国立科学博物館筑波実験植物園 編著

定価一六五〇円

癒されて驚かされる世界の植物たちのとってときの楽しみ方を研究者が語ります。植物を集めて育て、調べて守る、知られざる裏側の奮闘まで熱く紹介。きっと好きになる、もっと好きになる、植物園ガイドブック。

定価は消費税一〇％込です。二〇二五年四月現在

● 岩波科学ライブラリー〈既刊書〉

327 河東泰之
数学者の思案
定価一七六〇円

数学者になれる中高生を見抜くことはできるか。答えが一つの数学の試験採点は容易か。数学者になるまでの道はどんなものか。世間のイメージとも他分野の理系研究者の感覚とも異なる数学者の実像と思考法がうかがえるエッセイ。

328 岡野原大輔
生成AIのしくみ 〈流れ〉が画像・音声・動画をつくる
定価一六五〇円

驚くべき進展をみせている生成ＡＩの核心を〈流れ〉の概念で解き明かす。ＡＩ実装で先端を行く著者が、拡散モデルを始めとして重要な概念の意味を明快に解説。数式をつかわずに言葉で伝える画期的入門書！

329 山内一也
ファージ・ハンター
病原菌を溶かすウイルスを探せ！
定価一五四〇円

薬剤耐性菌の脅威が増す中、細菌のウイルス＝ファージを用いる療法が復活する。分子生物学を誕生させ、医薬品開発の基盤技術ともなっているファージの探究史を、その発見から今日までドラマチックに描きだす。

330 白井恭弘
新版 外国語学習に成功する人、しない人
第二言語習得論への招待
定価一五四〇円

いつどこでも勉強できる辞書や教材がネットに豊富にあり、オンラインコミュニケーションの発達により外国語を使う機会が増えた今こそ、学習法を見直そう。ロングセラーの初版に補章やコラムを加え、最新の状況に対応した新版。

331 道林克禎
めざせマントル！
地球を掘る地質学者の冒険
定価一六五〇円

マントルに由来する鮮やかな緑色をした岩石に地球を知る鍵が隠されている。マントルの岩石を求めて砂漠を歩き、船酔いに苦しみながら海底から掘り上げた岩石と格闘し、ついには海溝の底にまで潜った研究者の見聞記。

定価は消費税一〇％込です。二〇二五年四月現在